滑坡涌浪分析

黄波林　殷跃平　王世昌　谭建民　陈小婷　刘广宁 等　著

U0312966

科学出版社

北京

内 容 简 介

本书是研究滑坡涌浪的一部专著。全书围绕滑坡涌浪数值分析方法开展论述，共分为七章。本书首先基于水体和滑体的关系，对滑坡涌浪主要类型进行主要特征的归纳总结，并引入世界范围内的案例进行说明。其次，针对深水区滑动产生的涌浪、浅水区滑动产生的涌浪及水下滑动产生的涌浪，通过大量针对性的物理试验分析其初始涌浪特征和规律，构建基于水波动力学的滑坡涌浪数值模型，并采用已发生的案例或大型缩尺物理试验进行有效性验证，推广应用于潜在涌浪预测分析。再次，针对碎屑流入江产生的涌浪问题，形成基于颗粒流模型的两相流数值模型，并以实例进行模型校验。最后，针对复杂崩塌产生的涌浪和涌浪消减问题，构建流固耦合的三维数值方法并开展详细分析。

本书理论与实践相结合，物理试验与数值分析相结合，可供从事地质灾害、工程地质、水利工程、海洋工程等领域的科研和工程技术人员参考，也可作为相关专业研究生的专业读本。

图书在版编目（CIP）数据

滑坡涌浪分析/黄波林等著. —北京:科学出版社，2019.9
ISBN 978-7-03-062260-0

Ⅰ.① 滑… Ⅱ.① 黄… Ⅲ. ① 涌浪-研究 Ⅳ. ① P631.22

中国版本图书馆 CIP 数据核字（2019）第 191220 号

责任编辑：杨光华 何 念 / 责任校对：刘 畅
责任印制：彭 超 / 封面设计：图阅盛世

科 学 出 版 社 出版

北京东黄城根北街 16 号
邮政编码：100717
http://www.sciencep.com

武汉精一佳印刷有限公司印刷
科学出版社发行 各地新华书店经销
*

开本：787×1092 1/16
2019 年 9 月第 一 版 印张：12 1/2
2019 年 9 月第一次印刷 字数：293 000
定价：139.00 元
（如有印装质量问题，我社负责调换）

前 言 Foreword

　　水库滑坡涌浪是滑坡后引发的次级灾害，但其研究却是一个很大的难题，它属于交叉学科领域，涉及地质灾害学、滑坡动力学和流体力学等学科。这一领域的研究在我国从柘溪水库塘岩光滑坡涌浪灾害开始（1961 年），至今已有 50 多年。早期的滑坡涌浪分析方法主要以经验公式、理论简化公式和物理试验为主。随着数值计算的发展，数值模拟技术优点凸显，滑坡涌浪数值分析成为主要的研究手段。从目前的研究趋势来看，今后滑坡涌浪分析方法更加注重滑坡的工程地质特征和失稳模式，更加注重在同一框架下同步开展滑坡运动和水体运动的计算，流固耦合和全耦合计算将是未来的主要发展方向。

　　本书作者将近些年构建的滑坡涌浪数值分析方法及相关案例研究成果进行系统梳理与总结，形成于文，以期为该领域的数值分析研究贡献绵薄之力，也想抛砖引玉，期待更多的能人志士推动该领域的发展。

　　本书共分七章。第 1 章系统介绍滑坡运动、滑坡涌浪计算研究现状，统计国内外重要滑坡涌浪历史事件，重点对滑坡涌浪研究的经验公式法、理论分析法、模型试验公式法、原型物理相似试验法和数值模拟法进行文献综述。

　　第 2 章以国内外滑坡涌浪典型案例为例，详细介绍深水区滑动产生的涌浪、浅水区滑动产生的涌浪、水下滑动产生的涌浪和崩塌产生的涌浪等滑坡涌浪主要类型。

　　第 3 章首先采用概化物理试验开展深水区滑坡涌浪源特征研究，基于物理试验结果构建水波动力学深水区陆地滑坡涌浪数值模型。然后结合龚家方滑坡涌浪的物理试验和野外调查情况，进行有效性验证。最后，对红岩子滑坡及旁侧的变形体进行涌浪预测。

　　第 4 章开展大量的浅水区滑坡涌浪概化物理试验，推导首浪波特征方程，构建浅水区陆地滑坡涌浪源数值模型，以三峡库区千将坪滑坡涌浪为例进行有效性验证，对三峡库区九畹溪支流棺木岭崩塌可能产生的涌浪进行预测分析。

　　第 5 章主要介绍水下滑坡产生的涌浪特征，并对已有的水下滑坡涌浪源模型进行修正。以溪洛渡水库干海子滑坡为例，预测分析干海子滑坡可能产生的涌浪。

　　第 6 章构建基于颗粒流和两相流方程的全耦合滑坡涌浪模型。以湖南柘溪水库唐家溪滑坡涌浪为案例，计算分析滑坡涌浪的全过程，并用野外调查爬高值进行有效性验证。

　　第 7 章以三峡库区箭穿洞危岩体为例构建崩塌产生涌浪的流固耦合模型，预测分析两种失稳模式和两种水位下的潜在涌浪灾害。采用十字板和二维数值水槽，分析涌浪波与各种简单板结构的相互作用以及涌浪波能的耗散/转化效率，分析人工结构物消减河道中涌浪波的可能性。

本书第 1 章和第 2 章由黄波林与殷跃平完成，第 3 章由黄波林、王世昌和刘广宁完成，第 4 章和第 5 章由黄波林、王世昌、谭建民和赵永波完成，第 6 章和第 7 章由黄波林、殷跃平、王世昌和陈小婷完成。书中图件清绘、统稿和校对工作由陈小婷完成。

本书内容是在国家自然科学基金面上项目"基于水波动力学的水库崩塌滑坡涌浪研究"（41372321）的资助下完成的。本书的出版还得到中国地质调查局武汉地质调查中心的资助，在此表示衷心的感谢。

本书内容依托项目在执行过程中得到了中国地质调查局武汉地质调查中心金维群教授、胡光明教授和姚华舟研究员的大力支持与真心鼓励，他们为项目提供了大量宝贵的想法和建议，作者受益良多，回想起来仍是暖意浓浓。同时，三峡大学的张国栋教授、王乐华教授、易庆林教授、易武教授和卢书强副教授在项目结题年给予了作者关心和帮助，使项目得以顺利完成，对他们表示衷心的感谢。硕士研究生王健、陈福榜和王南南等学生参与了稿件的校对与清绘工作，对他们的帮助表示衷心的感谢。

本书的大量案例来源于三峡库区重庆段，重庆市国土资源和房屋管理局彭光泽处长、马飞处长及巫山县国土资源和房屋管理局雷瑞新副局长等在作者调查研究中给予了大量帮助和支持。本书内容依托项目在执行过程中还得到了长江水利委员会长江科学院韩继斌教授、朱杰兵教授、姜治兵教授、任坤杰博士，长沙亿拓传感科技有限公司谢彩霞工程师、张波工程师，珠江水利科学研究院王磊高级工程师、罗朝林高级工程师等的大力支持，他们为本书的完成做出了贡献。

本书内容依托项目的顺利实施离不开中国地质科学院地质力学研究所李滨研究员、冯振副研究员、贺凯博士，中国地质环境监测院闫金凯博士、褚宏亮博士，中国地质大学（武汉）张明副教授，重庆市地质环境监测总站刘鹏飞博士，重庆市 208 水文地质工程地质队张枝华高级工程师等的热情支持，在此表示特别感谢。

刘传正研究员、许强教授、伍法权研究员、胡新丽教授、唐辉明教授、彭建兵教授、张茂省研究员、孙永福研究员、彭轩明研究员等在多次学术交流和项目交流过程中给予了具体的建议和指导，在此表示衷心感谢。

由于作者学术水平有限，书中难免有不妥之处，敬请读者批评指正。

作 者
2019 年 1 月于宜昌求索溪

目 录 Contents

第 **1** 章

滑坡涌浪概述

　　滑坡、崩塌、泥石流、雪崩或冰川运动入水冲击海洋、海湾、河湖及水库区水体时都能产生滑坡涌浪波。涌浪最开始的表达方式来源于日语"津波"，意思是海港里的波浪。20 世纪 60 年代开始使用"tsunami"这一英语专业词汇来描述各类型海啸波浪现象（Craig，2006）。海啸一般认为与海床地震动、海底崩滑流和水下火山爆发等有关，同时由于气压突然变化（或陨石冲击形成涌浪），雪崩、冰川运动或海底爆炸等形成的涌浪波也与海啸有类似的特征。在某些情况下，这些成因类型的组合共同构成了某次涌浪事件。例如，1953 年苏瓦（Suva）Ms 6.75 级地震事件引发了海啸，震动诱发拉米礁（Lami Reef）水下滑坡形成了二次海啸，两次海啸相隔 1 min 发生，但在传播区域共同作用（Rahiman et al.，2007）。显而易见，这一波浪现象不仅仅局限于海洋或海湾。只要有物质在水中运动，就会形成波浪。崩塌、滑坡、泥石流、岩熔流、火山灰流等在河、湖、水库中形成波浪的案例在世界范围内都大量存在。由于发生地不在海洋中，中文专业词汇多用"涌浪"，英文专业词汇一般用"tsunami"、"impulse wave"或"surge"，国内使用后两个词汇较多，因此把内陆地区比较常见的崩滑流灾害形成的涌浪波统称为滑坡涌浪。

　　由于内陆河道或水库在地质环境上与超大、超深水域的海洋差异巨大，陆地滑坡涌浪有着自己独特的一面。滑坡涌浪研究是地质灾害和水库工程地质的重要研究内容，是地质灾害预警的重要组成部分，是地质灾害学、流体学、水波动力学、海洋工程学的交叉领域。水库崩滑体失稳后，岩土体急剧进入水体中，将形成破坏性的涌浪。涌浪以崩滑体入水处为触发点，沿河道上下游传播，对航道、沿岸基础设施和居民地造成严重威胁。例如，1963 年 10 月 9 日意大利瓦依昂（Vaiont）滑坡体，激起超出库水位 100 m 高的涌浪，摧毁下游 5 个城镇，造成近 2 000 人死亡（Heller et al.，2009）。传统的地质灾害预警只涉及地质灾害本体范围或运动范围。然而崩滑体进入水体后，地质灾害体能量传递给水体，危害区域急剧变大，由集中的地质灾害体运动区域拓展至超长距离带状的涌浪传播区和爬高区，大大增加了地质灾害的危害范围和预警区域。

　　我国中西部地区地质灾害发育，该区域内水资源量大，分布大量水库，由于水位的波动，地质灾害高发，易诱发形成滑坡涌浪。例如，三峡水库蓄水175 m 后，面临了较多崩滑体涌浪的风险问题，严重危害着航道和沿岸居民生活、生产安全。因此，正确地分析评价库岸崩滑体涌浪效应具有十分重要的现实意义和科学价值（殷坤龙 等，2008）。

　　滑坡涌浪的形成来源于崩滑体入水冲击、扰动，典型的滑坡涌浪一般分为产生、传播和爬高三个阶段。因此，滑坡涌浪的计算一般涉及滑坡运动和水体涌浪的计算，滑坡涌浪风险评价则涉及涌浪波与范围承灾体的评价。随着数值计算学科的深入融合交叉，目前滑坡涌浪计算与评价处于高速发展阶段。

1.1　滑坡涌浪计算研究现状

　　涌浪计算的关键前提是地质灾害运动计算，目前对于滑坡失稳后滑速的计算方法很多，其中国内应用较多的方法有能量法、潘家铮法等。其中能量法从研究滑坡体系内能量转化关系出发，避免了滑坡运动过程的复杂性，它是根据能量守恒定理提出的一种计算方法，该方法具有概念明确、可操作性强等优点。根据动能定理，即合外力对滑体所做的功等于滑体总能量的改变量，就可以很容易地求出滑坡下滑的速度，但由于滑动面是曲线，在考虑摩擦阻力所做的功时，计算有一定的困难。对确定的摩擦系数而言，动能定理对于直线形滑动面是非常准确的，但是对于非直线形滑动面，其误差较大。同时，动能定理只能确定岩土体运动的平均速度，不能反映滑坡下滑过程中速度的动态变化。

对垂直运动的坠落崩塌体，可直接根据牛顿定律来计算下坠的速度：

$$U_s = \sqrt{2g\Delta Z_{sc}} \tag{1.1}$$

式中：g 为重力加速度，$\mathrm{m/s^2}$；ΔZ_{sc} 为崩滑体的重心与计算点间的高度，即重心下降高度或重心下落高度，m。

对确定的摩擦系数而言，直线形滑动面[图 1.1（a）]滑块的运动速度 U_s 可以用式（1.2）进行估算（Heller et al.，2009）：

$$U_s = \sqrt{2g\Delta Z_{sc}(1 - \mu\cot\alpha)} \tag{1.2}$$

式中：α 为滑面坡角，（°）；μ 为运动摩擦系数。显然，式（1.1）是式（1.2）的特例。

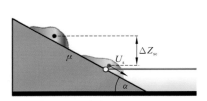 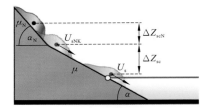

（a）直线形滑动面   （b）折线形滑动面

图1.1　运动定律计算运动速度示意图

α_N 为第 N 个折线段的滑动角；μ_N 为第 N 个折线段的摩擦系数；ΔZ_{scN} 为第 N 个折线段重心下降高度

当斜坡角度发生变化后，滑动面为折线形[图 1.1（b）]时，可根据式（1.2）来计算折线转折点的滑动速度 U_{sNK}，利用式（1.3）来计算 U_s。当滑动面不断出现坡角改变时，可进行式（1.2）、式（1.3）的迭代计算。显然式（1.2）是式（1.3）的特例。当滑动面为折线形时的计算结果误差较大。

$$U_s = \sqrt{U_{sNK}^2 + 2g\Delta Z_{sc}(1 - \mu\cot\alpha)} \tag{1.3}$$

当崩塌体从上部陡崖坠落，跌落至斜坡上时，从斜坡上开始运动的速度可用式（1.1）和弹性恢复系数（e）来进行计算。弹性恢复系数是反映碰撞时物体变形恢复能力的参数，它只与碰撞物体的材料有关，其定义为碰撞前后两物体接触点的法向相对分离速度与法向相对接近速度之比。两种极端情况下，弹性恢复系数的取值为：弹性碰撞时，$e=1$；完全非弹性碰撞时，$e=0$。不同岩性和覆盖物的斜坡有不同的弹性恢复系数，可根据试验和经验进行取值。在斜坡上开始运动后，可根据式（1.2）和式（1.3）进行估算运动速度。

Slingerland 等（1979）在利比（Libby）坝、迈卡（Mica）坝、库卡努萨（Koocanusa）湖模型试验资料的基础上给出了滑坡滑块速度：

$$U_{s} = U_{0} + \sqrt{2gs(\sin\alpha - \tan\varphi s \cdot \cos\alpha)} \tag{1.4}$$

式中：U_0 为初速度，m/s；s 为滑动距离，m；$\tan\varphi s$ 为多因素系数，$\tan\varphi s$ 在 0.1～0.4。
美国土木工程师协会推荐的滑坡滑块速度计算公式为

$$U_{s} = \sqrt{1 - \frac{\mu}{\tan\alpha} - \frac{cl}{W \cdot \sin\alpha}} \cdot \sqrt{2gH_{z}} \tag{1.5}$$

式中：W 为滑体单宽重量，N；c 为滑动时滑面抗剪强度参数，Pa；H_z 为滑体重心距离水面的位置，m；l 为滑块与滑面接触面长（沿滑动方向），m。

　　殷坤龙等（2008）、汪洋等（2003）、代云霞等（2008）对潘家铮条分法进行了一系列的改进，并应用于新滩滑坡、大堰塘滑坡运动研究。滑坡入水的冲击速度可以利用上述模型进行预测。

　　大型滑坡下滑速度往往很大，滑距很远，仅仅用动能定理来求解得到的结果往往与实际情况相差甚远。较小滑坡的斜坡能量线有着较大的滑块摩擦系数，并称为等效摩擦系数。等效摩擦系数被定义为最大的落差除以最长的运动距离。摩擦系数对一类物质来说是一个常数，与滑坡体积无关（Körner，1980），但等效摩擦系数是滑坡体积的函数。Savage（1984）通过试验确认这一论断对小体积的滑坡和干颗粒流是基本正确的。然而，运动物质的体积超过 $10 \times 10^4 \ \mathrm{m}^3$ 后，等效摩擦系数会降低至 0.1，甚至更低。因此对大型滑坡，必须考虑摩擦力下降问题。Savage（1984）总结了等效摩擦角与崩滑体体积的函数关系（图 1.2）。数据显示，随着崩塌体体积的增加，等效摩擦系数大幅下降，特别是陆地上滑坡显示了强烈的线性关系。

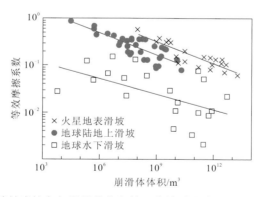

图 1.2　等效摩擦角与崩滑体体积的函数关系曲线（Savage，1984）

　　Hsü（1975）总结了地表滑坡体积与等效摩擦角之间的关系：

$$\log_{10}f_{e} = -0.156\,66\log_{10}V_{s} + 0.624\,19 \tag{1.6}$$

该公式与实例数据的相关性为 0.82，这一等效摩擦角比滑动或颗粒流机制得到的等效摩擦角更小。这一公式的案例大多数来源于阿尔卑斯山，因此该公式不能代表所有的大型滑坡。不同的模型被用于解释这一类型崩滑体的运动特点，有影响的模型主要有空气动力效应（邢爱国 等，2012；刘涌江 等，2003；Shreve，1968；Kent，1966）、流态化特性（王玉峰 等，2014；程谦恭，2012；许强 等，2010）、能量传递模型（周小军 等，2010；

廖小平 等，1993）、颗粒流模型（黄润秋 等，2008；Savage，1984）、变形能释放（杨海清 等，2015；邹宗兴 等，2014）等机制。大量的研究显示，多个机制耦合存在，造成了高速远程滑坡（Yin et al.，2012；张明 等，2010；王涛 等，2010；胡厚田，2002）。

在数值模拟方法方面，也形成了 Voellmy 模型（Savage et al.，1989）、Coulomb 模型（Iverson et al.，1997）、颗粒流模型（Bagnold，1954）、等效流体模型（Hungr，1995）等来模拟崩滑体滑坡运动。

由此可见，滑坡运动的刻画起步于刚性质点计算的牛顿定律或经验公式，现在正处于将地质灾害运动刻画为块体、颗粒体、流体、多相等运动或流动阶段。目前滑坡涌浪分析中滑坡运动的多种计算方法并存，数值计算是未来的重点发展方向。

1.2　滑坡涌浪研究方法

目前国内外滑坡涌浪研究的方法有五种：①经验公式法；②理论分析法；③模型试验公式法；④原型物理相似试验法；⑤数值模拟法。方法①与②在早期应用较多，目前方法③、④、⑤应用较为广泛，数值方法是重要的发展方向。各方法都有其优缺点，详见表 1.1。

表 1.1　五种方法优劣性比较表

评价标准	方法①	方法②	方法③	方法④	方法⑤
结果准确度	粗糙估计	粗糙估计	估计	准确	略准确
花费时间	少	少	少	非常多	多-非常多
经费	低	低	低	非常高	中等
使用者	技术工程师	技术工程师	技术工程师	技术工程师	专业人士
易理解度	中等	低	中等	高	低
技术参数难度	中等	中等	中等	高	高

表 1.1 展示了五种方法在结果准确度、花费时间及经费、使用者的技术要求、结果的理解程度和技术参数的难易程度等几个方面的对比。从对比来看，要想获得高精度、易理解的结果，就需要更多时间和经费。同样，需要的参数越多，其分析结果也就越准确。大量的专家学者利用这五种方法进行了滑坡涌浪研究。

1.2.1　经验公式法

意大利的史蒂瓦内拉(1991)提出了根据滑坡体积、滑坡时间和水库深度计算涌高。中国水利水电科学研究院综合分析加拿大迈卡坝、美国利比坝和奥地利吉帕施坝的涌浪试验资料，并根据碧口坝、柘溪水库和菲尔泽坝涌浪试验资料，结合柘溪水库塘岩光滑坡的原型观测成果发现，水库滑坡的滑速和滑体的体积是影响涌浪高度的主要因素，提出了经验公式法来估算浪高。Ataie-Ashtiani等（2008a）根据利图亚湾（Lituya Bay）滑坡和历史若干大型滑坡涌浪的观测资料提出了涌浪波高经验公式。经验公式完全依靠工程地质类比，以及野外观测和类比，控制因素较少，公式计算的参数也较少。经验公式法是研究人员在过去有限的滑坡涌浪调查基础上，总结的无量纲计算公式，但由于样本较少，准确性特别是应用于其他案例的准确性较差。

1.2.2　理论分析法

理论分析法起源于 Noda（1970），他在水力学基础上线性化、简化流体力学方程形成的计算方法。在 Noda 提出方法的基础上，国内外专家学者改进形成了美国土木工程师协会推荐法、潘家铮法及国内若干版本的潘家铮改进法。Risio 等（2008）提出了新的理论分析方法。他们对比了 Noda 提出方法及试验结果，有较好的吻合性（图 1.3）。但是理论分析法很难分析复杂的滑坡冲击水体这一过程，它的预测公式基于简化的假定，只能考虑小振幅和对称波，因此结果较粗糙只能用于评估。

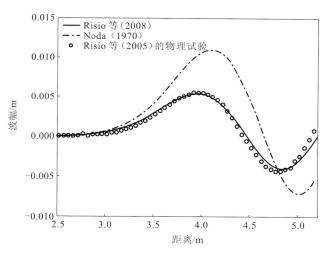

图 1.3　各理论公式与物理试验波幅对比图（Risio et al.，2008）

1.2.3　模型试验公式法

从滑坡涌浪波的特性及影响因素可知，涌浪波特征受大量参数的影响。模型试验公式法对滑体和河道进行简化与概化，提取有限的重要影响参数进行计算。该方法完成所需时间最短，其结果可帮助决定是否要进行原型崩滑涌浪试验或者是否需要进行数值模拟分析。由于计算公式来源于物理概化模型，其也有一些固有的缺陷。这些缺陷来源于物理试验中的一些问题。例如，在一些较小比例尺的模型中，尺寸效应往往被忽略了。一些物理试验中，概化模型效应（水波的反射、折射和衍射等）通常发生，影响试验数据的精确性。同时，由于模型的概化通常是针对某一类型的共同特点，模型试验公式法只是通用公式，并不是针对某个崩滑体的特定公式，这造成计算不精确。为了克服模型的尺寸效应，一些学者认为需要遵循以下原则：崩滑体冲击入水区的水深不应低于 0.2 m，此外形成的波的周期不应低于 0.35 s（Hughes，1993）。这样形成的波主要是重力波，而不是表面张力波。同时为了克服概化模型效应，试验中尽量主要观察首次波过程。Heller 等（2009）明确了更多的避免模型效应和尺寸效应的参数要求。

从 Russell（1837）开始，大量的研究者进行了概化物理模型试验。这些试验的用途有三类：调查主要参数的影响（形成主要参数控制的公式法）；验证各类公式的有效性；验证数值模型的有效性。这些概化模型可分为块体模型、散粒体模型、活塞模型和其他模型（如两相流模型等）（图 1.4）。

（a）块体模型

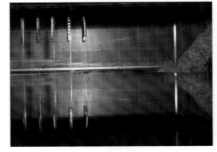
（b）散粒体模型

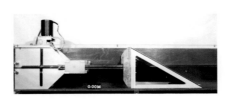
（c）活塞模型

（d）两相流模型

图 1.4　概化模型图

最早的块体模型试验为一个大型长方体沉入水中（Russell，1837），慢慢发展成不同形状（长方体、半椭圆体、三角体或其他形状）块体滑入或推入不同水槽中。根据水槽的形态，可分为断面水槽（国外称为 2D channel）和大型水池（国外称为 3D basin）。通过 2D 和 3D 水槽试验分析，得到了一系列有差异的模型试验公式。总体来看，2D 水槽的波高衰减速度小于 3D 水槽。块体模型是被大量采用的模型，如 Kamphuis 等（1970）建立的块体模型中滑块在无摩擦力的斜坡中滑入水中，Ataie-Ashtiani 等（2008b）采用不同形状的块体进行了滑坡涌浪研究。

Davidson等（1975）、Davidson等（1974）、Ball（1970）最开始进行散粒体模型试

验,他们最早的模型是用来模拟某个滑坡体及附近区域,并不是概化试验。Huber等(1997)进行了大量的散粒体形成涌浪的概化试验,该试验主要针对岩质崩滑体形成碎屑流或颗粒流入水产生的涌浪;将2D和3D试验包括在内,他们进行了1 000组试验。此后,Huang等(2014)、Mangeney等(2000)、Wieland等(1999)、Watts(1997)、Savage等(1989)都进行了一系列的散粒体模型试验。这些试验得到一些散粒体涌浪计算的控制方程,分析了物理试验与数值模拟结果的差异性,以及散粒体产生涌浪波的规律。试验中散粒体使用的物质包括不同粒径的沙、砾石、铁粒、高分子颗粒及各种沙包。一般来说,其他条件相同情况下,散粒体形成的涌浪比块体模型形成的涌浪要小。

在某些特殊情况下,滑坡体与水体的相互运动可概化为一面墙水平推向水体,即活塞模型。当滑坡体剪出口水平且位于河床下,而且滑坡体积大于面临的水体体积时,这一模型有一定的适用性。Hughes(1993)、Synolakis(1991)、Miller(1970)、Ursell(1953)都利用这一模型进行研究,研究类型包括海岸带滑坡、巨型滑坡,同时他们对这一模型的适用性和缺陷进行了描述。

块体模型、散粒体模型和活塞模型试验得到的控制方程包括最大涌浪高度、涌浪的爬高、传播浪高等各方面的公式,以及最大涌浪的波长、周期等公式。这些控制方程因试验的差异而在形式上有较大差别。黄波林等(2012a)、Heller等(2009)、汪洋(2005)整合部分模型试验公式和其他类型公式,形成了不同类型崩滑体的完整公式计算体系,包括最大浪高计算、传播浪高计算和爬高计算。

Prins(1958)在2D水槽中采用初始液面的上升和下降来模拟涌浪波,初始液面是上升还是下降由产生的涌浪波类型来决定。这一物理模型结果与Kranzer等(1959)的理论结果进行了对比,但波高的预测结果并不理想。Storr等(1999)进行了一个液体重力喷射的试验。有限体积的不同类型液体从不同直径的椭圆形喷嘴中喷向下方水面,研究认为液体的黏滞性对涌浪冲击坑的形状和大小有较大影响。

1.2.4 原型物理相似试验法

由于这种类型的原型模型试验花费大,所需数据极多,占用场地大,所需时间也非常长,该方法使用并不是很多。Müller等(1993)模拟了乌里湖(Urnersee)河畔的平面岩质碎屑流,西加拿大水力实验室(Western Canada Hydraulic Laboratories,WCHL)1970年模拟了迈卡水库的一处潜在滑坡涌浪(图1.5)。为满足三峡水利枢纽初步设计的要求,1984年初,水利电力部长江流域规划办公室曾对三峡坝址上游几个重点滑坡进行了物理相似试验和计算。对新滩滑坡考虑了一般和最不利两种情况,即滑体入江总量为$5 \times 10^6 \text{ m}^3$和$1.6 \times 10^7 \text{ m}^3$两种。王育林等(1994)采用1:150的比例尺,设定洪、中、枯三级流量,按不同体积、不同滑速等共80多种组合,进行了链子崖场地的涌浪模型试验。试验结果形成了波速计算公式、最大涌浪计算公式及沿程涌浪计算公式,分析了涌浪的特征及爬高的特征(图1.6)。

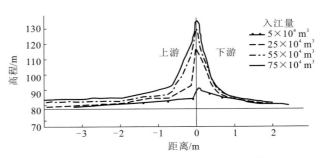

图 1.5　WCHL 1970 年模拟迈卡水库　　　　图 1.6　链子崖模型试验爬高过程线（王育林等，1994）

滑坡（Müller et al.，1993）

在三峡库区，殷坤龙等（2012）建立了宽谷区白水河滑坡涌浪大型物理试验模型，开展了宽谷区涌浪传播规律研究。Huang 等（2014）建立了峡谷区龚家方滑坡涌浪大型物理试验模型，开展了大量涌浪传播、爬高和地形地貌影响方面的研究。

1.2.5　数值模拟法

滑坡涌浪数值模拟技术是国内外开展相关工作的重要研究手段，该方法可以较全面地分析涌浪灾害，具有准确、经济、合理等优势；其形成的结果可视化程度高，有利于滑坡涌浪灾害预警。根据力学模型，数值模型可分为流体力学模型和水波动力学或波浪理论模型。流体力学模型精细地刻画了水质点的运动，使计算所需资源非常大，耗时较长，不利于模拟涌浪长距离传播和爬坡。水波动力学模型研究滑坡涌浪，是目前国外研究的热点，根据波浪数学模型，水波动力学模型可分为布西内斯克模型、非线性浅水波模型和潜势流模型。采用这些模型，部分国内外学者对一些滑坡涌浪实例进行了研究，分析了不同类型地质灾害失稳可能形成的涌浪灾害。

根据滑坡与水体的耦合计算程度，目前主要有三大类数值模拟法来分析滑坡涌浪灾害，包括：①简单的滑坡涌浪模型；②简化的滑坡涌浪模型；③全耦合的滑坡涌浪模型（Yavari-Ramshe et al.，2016）。这些数值计算的构建方法包括网格模型和无网格模型。网格模型有有限元法、有限差分法、有限体积法等；无网格模型有光滑粒子流体动力学（smoothed particle hydrodynamic，SPH）法、物质点法等。

在简单的滑坡涌浪模拟方法中，利用各种公式，滑坡运动和形成的早期涌浪波等效为初始涌浪波的形式，初始涌浪波作为初始输入条件或边界条件，数值模拟主要计算涌浪的传播和爬高，较为典型的是利用水波动力学方程进行涌浪计算。水波动力学（波浪理论）关注自由液面（水表面）的运动，与滑坡涌浪预测关注液面高度一致；与纳维-斯托克斯（Navier-Stokes，N-S）方程不同，由于不需要计算河道所有水质点的运动，其计算量大大减少，耗费时间较短。在国外其广泛应用于各类型涌浪及海啸的预测预报中，如美国国家海洋和大气管理局（National Oceanic and Atmospheric Administration，NOAA）目前主要使用南加利福尼亚大学研制的软件 MOST（method of splitting tsunami）、康奈尔大学研制的海啸数值模拟软件 COMCOT（cornell multi-grid coupled tsunami）、日本东北大学研制的 TUNAMI 模型等。Huang 等（2012）应用 Geowave 模型进行了龚家方崩滑体涌浪研究，研究结果与实际调查结果吻合性很好。Huang 等（2014）、黄波林等（2013）在 Geowave 模型基础上开发了增强的 FAST 软件，以三峡库区茅草坡为例对潜在滑坡涌浪进行了研究（图 1.7）。在水下滑坡涌浪方面，Brune 等（2010）利用波浪理论的 Coulwave 模型对印度尼西亚巴东区域的水下滑坡涌浪进行评估（图 1.8）。这方面是目前国内外开展大面积长距离滑坡涌浪风险分析的重要方向。这一类型数值模拟模型的准确性和适用范围很大程度上取决于初始涌浪波源，Watts（1997）、Ataie-Ashtiani 等（2008a）、Risio 等（2008）和 Yin 等（2015a）研究了初始涌浪波，提出了大量的计算公式。

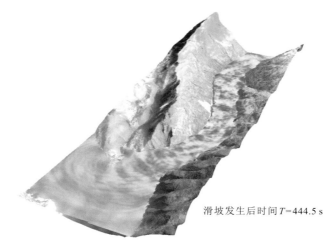

滑坡发生后时间 $T=444.5$ s

图 1.7　FAST 软件数值分析茅草坡涌浪图（Huang et al.，2014；黄波林 等，2013）

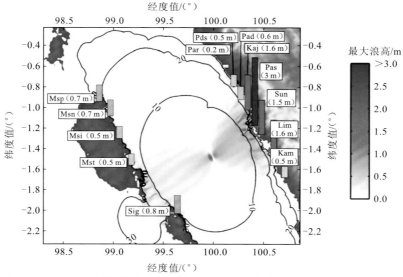

图 1.8　Coulwave 模型数值分析印度尼西亚巴东海啸图（Brune et al.，2010）

图中 Msp（0.7 m）等为地名缩写（最大浪高值）

　　简化的滑坡涌浪模拟技术中滑坡的运动被简化模拟，一些滑坡采用刚性体来简化。刚性体的运动主要采用牛顿定律进行描述和计算，考虑重力、浮力、摩擦力、水的拖曳力等条件。在概化模型方面，应用流体力学 N-S 方程，孟永东等（2004）、Tinti 等（2000）、杨学堂等（1998）、王晓鸿等（1996）建立二维有限元模型，对特定滑坡进行解析，得到了涌浪高度值，研究了滑坡与水体交换能量的规律。郭建红（2004）、周剑华（2003）利用简化的 N-S 方程二维有限差分法分析了滑坡涌浪和海湾涌浪。Qiu（2008）、杜小弢等（2006）采用 SPH 法对块体下滑激发的水波问题进行了数值模拟，计算的结果与试验结果进行了对比分析。Falappi 等（2007）采用 SPH 法模拟了 Fritz 等（2003）的物理试验。在实际滑坡案例中，Quecedo 等（2004）采用 N-S 方程模拟了 1958 年利图亚滑坡。Yin 等（2015b）以刚性旋转体模拟了千将坪滑坡运动，并耦合计算了水体形成的涌浪（图 1.9）。Harbitz 等（2014）采用刚性滑块模拟了位于挪威西部阿克塞内特峡湾（western Norway Akerneset fjord）的一个 5×10^7 m³ 的岩质滑坡。在水下滑坡涌浪模拟中有时也采用刚性体来模拟水下滑坡的运动（Tappin et al.，2008；Watts et al.，2003）。一些土质或碎屑流滑动采用流体或颗粒体来模拟滑坡运动中的变形，如 Abadie 等（2010）采用三相流 N-S 方程模拟了各类型滑坡涌浪（图 1.10）。金峰等（2003）、姜治兵等（2005）、任坤杰等（2006）推导了用于模拟滑坡涌浪的 DIF 方程，并采用非规则网格有限体积法和显式 MacCommck 预测-校正数值方法求解该方程，建立了滑坡涌浪数值模型，并且利用新滩滑坡的相关资料进行了验证。Gabl 等（2015）采用水模拟了位于山腰的崩塌体及滑坡产生的涌浪。Abadie 等（2010）和 Davies 等（2011）利用牛顿流体采用多相流模型模拟了滑坡涌浪。在这些研究中滑坡采用简单流体或颗粒体简化模拟，滑坡变形对滑坡涌浪的影响在计算中得以部分考虑。

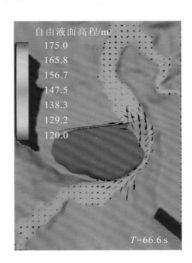

图 1.9　简化流固耦合分析千将坪滑坡涌浪（Yin et al.，2015b）

　　滑坡涌浪全耦合模拟是目前正在新兴发展的方法，它能较准确地刻画滑坡体运动、滑坡体与水体的相互作用，以及随后的涌浪产生、传播和爬高。单一的数学控制模型难

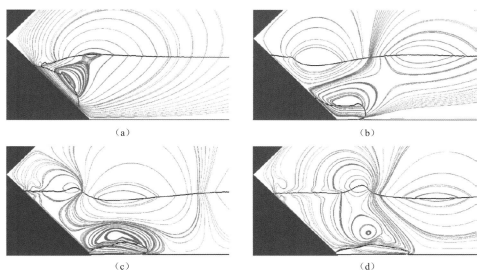

（a）　　　　　　　　　　　　　　（b）

（c）　　　　　　　　　　　　　　（d）

图 1.10　三相流分析滑坡涌浪（Abadie et al.，2010）

以同时实现较真实滑坡运动和水体波浪运动的描述，因此采用的模型多为复杂的耦合模型。例如，Crosta 等（2013）利用拉格朗日-欧拉-有限元（Arbitrary Lagrangian-Eulerian-finite element method，ALE-FEM）方法采用非牛顿流体和水体模拟分析了瓦伊昂滑坡及其涌浪。Zhao 等（2016a）利用 3D 离散元-计算流体动力学（descrete element method-computational fluid dynamics，DEM-CFD）全耦合方法模拟瓦伊昂滑坡的运动及其涌浪（图 1.11）。Sassa 等（2016）联合滑坡动力模型和海啸模型，展现了这一联合模型计算完整滑坡涌浪的演进过程，并将它应用于 1792 年 Unzen-Mayuyama 巨型滑坡及其产生的海啸灾难中（图 1.12）。目前的研究中，利用流变模型（Coulomb 模型、Herschel-Bulkley 模型、Bagnlod 模型和 Bingham 模型等）来刻画土质滑坡或碎屑流的运动（Shakeri et al.，2014；Cremonesi et al. 2011），或者利用有限元-离散元（FEM-DEM）技术和离散元（DEM）技术来刻画岩质滑坡的破坏与运动，而涌浪的形成、传播与爬高多采用可刻画大变形液面的技术，如真实液面（the volume of fluid，VOF）或非静水压模型（non-hydrostatic models，NHMs）（Yavari-Ramshe et al.，2016）。

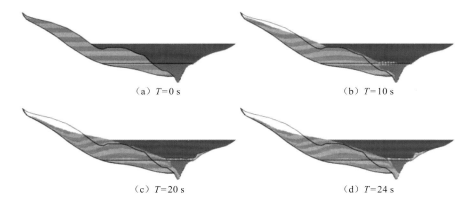

（a）$T=0$ s　　　　　　　　　　　　（b）$T=10$ s

（c）$T=20$ s　　　　　　　　　　　　（d）$T=24$ s

（e）T=30 s　　　　　　　　　　　　　（f）T=50 s

图 1.11　DEM-CFD 全耦合方法分析瓦伊昂滑坡涌浪（Zhao et al.，2016a）

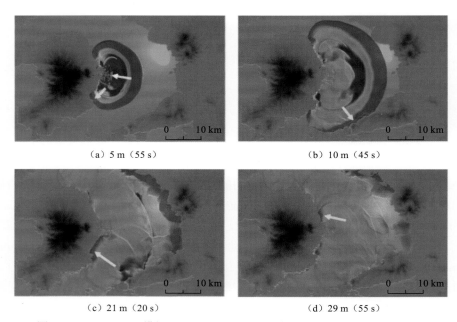

（a）5 m（55 s）　　　　　　　　　　　　（b）10 m（45 s）

（c）21 m（20 s）　　　　　　　　　　　　（d）29 m（55 s）

图 1.12　LS-RAPID 模拟 Unzen-Mayuyama 及其涌浪（Sassa et al.，2016）

1.3　滑坡涌浪历史事件

从历史上来看，国内外地质灾害形成的涌浪案例很多。例如，《水经注》记载："江水历峡东，迳新崩滩。此山汉和帝永元十二年崩，晋太元二年又崩。当崩之日，水逆流百余里，涌起数十丈。"近现代，更多的滑坡涌浪事件被记录和研究。表 1.2 记录了世界范围内具有较大影响力的滑坡涌浪实例和相关数据（Xing et al.，2016；黄波林，2014；Fritz et al.，2001）。

表 1.2　世界历史上具有较大影响力的滑坡涌浪实例表

序号	年份	地点	类型	体积 /10^6 m^3	波高或爬高/m	水域类型	死亡人数/人
1	1971	秘鲁亚纳修湖 （Yanahuin Lake）	岩质崩塌	0.1	30	湖泊	400～600

续表

序号	年份	地点	类型	体积/10^6 m³	波高或爬高/m	水域类型	死亡人数/人
2	1963	意大利瓦伊昂	顺层滑坡	240	260	水库	3 000
3	1958	美国利图亚	岩质滑坡	30	530	入海河湾	2
4	1936	挪威卢恩湖（Loen Lake）	岩质崩滑	1	70	湖泊	73
5	1934	挪威峡湾（Fjord）	岩质滑坡	1.5	62	峡湾	44
6	1905	挪威卢恩湖（Loen Lake）	岩质崩滑	0.4	40	湖泊	61
7	1762	日本九州（Kyushu）	不详	535	10	入海河湾	15 000+
8	1956	挪威兰峡湾	不详	12	140	峡湾	32
9	1992	瑞士乌里湖	岩质崩塌	0.016	不详	湖泊	无
10	1980	美国圣海伦山斯皮里特莱克湖（St. Helens Spirit Lake）	岩质崩滑	2 500	200+	湖泊	无
11	1979	挪威特耶尔（Tjelle）	岩质崩滑	15	46	不详	38
12	1985	中国湖北新滩	土质滑坡	30	54	河	12+
13	1961	中国湖南塘岩光	岩质滑坡	1.65	21	水库	40+
14	2003	中国湖北千将坪	顺层滑坡	24	23	水库	3+
15	2007	中国湖北大堰塘	土质滑坡	3	50	水库	7
16	2008	中国重庆巫山龚家方	岩质崩滑	0.38	31.8	水库	无
17	2014	中国福建福泉	岩质滑坡	1.14	不详	水塘	27
18	2015	中国重庆巫山红岩子	土质滑坡	0.23	6	水库	2

　　自然河道条件下和河道蓄水后，滑坡涌浪发生有较大差异，三峡较为深刻地反映了这一点。长江三峡位于我国三大阶梯型地貌中第二阶梯的东缘，属构造侵蚀溶蚀中山-低山地貌，山高坡陡，地形切割严重，降雨量充沛。特殊的自然地理环境和地质构造背景，导致长江三峡地质灾害频发。

　　根据历史记载，长江三峡干支流一些地段曾出现崩塌滑坡产生涌浪事件，给当地人民带来了深重苦难。例如，公元 100 年夏《后汉书·志·第十六》记有"南郡秭归山高四百丈，崩填溪，杀百余人"。377 年《水经注》记有"晋太元二年又崩。当崩之日，水逆流百余里，涌起数十丈"。1030 年（宋天圣八年）地震又引发山崩，堵江二十余年，直到 1051 年（皇佑三年）才疏凿通。1542 年（明嘉靖二十一年）暴雨又引发新滩附近山崩，冲压居民百余家，堵江 82 年，直到 1624 年（天启四年）才疏凿通。1980～2003年 135 m 试验性蓄水前，在三峡地区发生的 70 多起滑坡中，造成明显涌浪的仅有 3 起（表 1.3）（Yin et al.，2015b；陈自生 等，1994；汪定扬 等，1986）。表 1.3 记录了部分历史上长江三峡滑坡崩塌及涌浪灾害。

表 1.3 长江三峡滑坡崩塌及涌浪灾害历史部分记录表

序号	时间	地点	事件描述
1	西汉	巫山	《蜀王本纪》记载：时巫山峡壅而蜀水不流，帝令鳖灵凿以通江水
2	100 年（东汉永元十二年）	秭归	《后汉书》卷 26 记载：南郡秭归山高四百丈，崩填溪，杀百余人
3	377 年（东晋太元二年）	巫山	《水经注》卷 34 记载：江水历峡东，迳新崩滩。此山汉和帝永元十二年崩，晋太元二年又崩。当崩之日，水逆流百余里，涌起数十丈
4	1542 年（明嘉靖二十一年）	秭归	久降暴雨，新滩北岸，山崩五里，逆浪百余里，江塞舟楫不通，压居民百余户
5	1896 年（清光绪二十二年）	云阳	民国《云阳县志》卷 5 记载：自七月积雨至于八月，黄官漕山半崩裂，土石推移，广袤约数百丈，直移入江，壅塞径流
6	1982 年 7 月 16～17 日	云阳	鸡扒子滑坡在强暴雨作用下诱发，滑体总体积为 1 500×10⁴ m³，入江体积为 180×10⁴ m³，阻塞长江航道。长江由于暴雨暴发洪水，涌浪现象不明确
7	1985 年 6 月 12 日	秭归	新滩滑坡以 31 m/s 速度冲入长江，滑体总体积为 3 000×10⁴ m³，入江体积约为 260×10⁴ m³，产生最大涌浪高度 54 m，波及 42 km 长江航道
8	1994 年 4 月 30 日	武隆	鸡冠岭崩塌形成 530×10⁴ m³ 的碎屑流高速进入长江支流乌江，入江体积约 30×10⁴ m³，堵塞乌江并形成涌浪。10～15 m 涌浪造成 5 艘船只翻沉或损毁，4 人死亡，12 人失踪，5 人受伤

　　这 3 起滑坡涌浪灾害具有如下特征：①滑坡体积为数百万至数千万立方米；②江水深度仅数十米，大型滑坡入水后形成了堰塞坝，堵塞了河道；③滑坡造成了数十米高的涌浪。这 3 起滑坡涌浪的水体深度都小于滑体长度，滑坡体对河道的体积侵占必须考虑，这是典型的发生在水体较浅区的滑坡涌浪（浅水区滑坡涌浪）。从目击者的描述及以往滑坡涌浪分析来看（Yin et al.，2015b；Basu et al.，2010；Pastor et al.，2009），由于河面狭窄，滑坡入水区内涌浪的产生与爬高阶段是混合在一起的，水体会形成高速运动的水舌或水墙，直接冲击对岸，对对岸的破坏力非常强。河道上下游被滑坡隔断或部分阻断，上下游涌浪水力关系被分割或部分分割。

　　历史早期的崩塌滑坡及涌浪灾害记录粗略，地点及事件概况等都不翔实具体。受限于当时人们的认识，滑坡涌浪和涌浪致灾情况并未受到关注。在这些记录中，"壅"和"涌"等一般用于描述滑坡崩塌造成的涌浪。历史大多只记载了崩塌滑坡和大型涌浪的情况，较少记录涌浪传播后远处的灾害情况。至近现代，新滩滑坡发生时，滑坡涌浪被详细记录。新滩滑坡产生的涌浪波及 42 km 江面，击毁、击沉木船 64 只，小型机动船 13 艘，10 人死，8 人伤，2 人失踪（汪定扬 等，1986）。新滩滑坡发生前，大量的监测预报工作已经开展，并准确进行了滑坡预警，但没有开展涌浪预警预报工作。

　　2003 年 6 月以来，一些崩滑体失稳入水，造成了较大的涌浪灾害。同时，一些崩滑体出现险情后，应对潜在涌浪风险采取的措施也导致了大量经济损失。例如，2008 年 11 月 23 日三峡库区巫峡龚家方发生崩塌，产生的涌浪最大爬高为 13 m，至上游 4.5 km 巫山新县城涌浪高度仍有 1～2 m，造成经济损失 500 余万元（Huang et al.，2012）。在治理龚家方残余危岩体时，由于担心岩土体入江产生大规模涌浪，施工期对长江巫峡段进行了多次限时封航，每次封航造成的经济损失高达 8 000 万元。

2008 年 6 月后，水位从 70 m 高程上升到 175 m，部分水深大于 100 m，为水库滑坡形成涌浪提供了丰富的水体条件。由于水体变深，2008 年 10 月后干流的滑坡涌浪特点与 2003 年前的滑坡涌浪特点有差异。滑坡在深水区产生的涌浪（深水滑坡涌浪）具有典型的三个阶段：涌浪产生、传播和爬高阶段（Huang et al.，2014，2012），滑坡体对河道的体积侵占可以忽略。值得指出的是，在库尾和部分支流内形成的滑坡涌浪仍为浅水区滑坡涌浪类型。表 1.4 记录了重大滑坡崩塌（潜在）涌浪灾害情况（Yin et al.，2016）。

表 1.4　三峡水库重大滑坡崩塌（潜在）涌浪灾害情况表

序号	时间	地点	滑坡涌浪灾情描述
1	2003 年 7 月 13 日	秭归 千将坪滑坡	千将坪滑坡造成滑坡体上居民 11 人死亡（失踪），大量建筑物及公路被摧毁。滑坡堵江并形成最高约 43 m 的坝体，涌浪共造成 3 km 内 22 艘渔船翻沉，13 人失踪
2	2008 年 11 月 23 日	巫山 龚家方崩塌	涌浪造成 13 km 沿岸航标灯塔和其他设施受到不同程度的损毁，停靠在码头的多艘船缆绳拉断，多条大型旅游船只船底受损，直接经济损失达 500 万元
3	2008 年 11 月	巫溪 川主村滑坡	总体积约 150×10⁴ m³ 的滑坡滑入大宁河，堵塞 1/4 河道，形成了涌浪，大宁河航道限行封航
4	2008 年 11 月 5～9 日	秭归 泥儿湾滑坡	总体积约 80×10⁴ m³ 的滑坡体持续变形，第一次剧烈变形在对岸产生了 1 m 左右的涌浪爬高。潜在涌浪风险造成 200 m 高程以下的居民和学校撤离约 2 个星期，归州河航道限行封航
5	2009 年 3～4 月	云阳 凉水井滑坡	总体积约 360×10⁴ m³ 的滑坡体持续强烈变形，潜在的涌浪风险造成长江航道长时限航，经济损失巨大
6	2010 年 10 月 11 日	巫山 青石滑坡	滑坡前缘剧烈变形后，潜在的涌浪风险造成神女溪景区关闭 1 年多，直接经济损失超过亿元
7	2010 年 10 月 21 日	巫山 望霞崩塌	崩塌发生后，潜在涌浪风险造成长江航道巫峡段多次长时限航、封航，经济损失过亿元
8	2015 年 6 月	巫山红岩子滑坡	总体积约 23×10⁴ m³ 的滑坡滑入大宁河与长江交汇处，形成最大 12 m 的爬高，造成 2 人死亡，13 艘船翻沉
9	2015 年 7 月	巫山干井子滑坡	总体积约 200×10⁴ m³ 的滑体、20×10⁴ m³ 的强烈变形体持续破坏，造成长江航道巫峡段限航，产生大量经济损失

第 **2** 章

滑坡涌浪主要类型

按照崩滑体与水面的相对位置，崩滑体造成水库或湖泊涌浪可分为三种类型：水上崩滑体造成的涌浪、部分入水崩滑体造成的涌浪及水下崩滑体造成的涌浪（图 2.1）。三峡库区产生涌浪的类型多为部分入水崩滑体（涉水崩滑体）造成的涌浪。

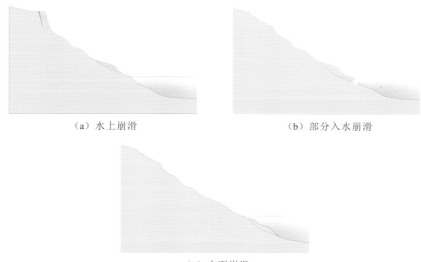

（a）水上崩滑　　　　　　　　　　　　（b）部分入水崩滑

（c）水下崩滑

图 2.1　崩滑体产生涌浪的三种方式

从水体与灾害体单宽比来看，有些水体可完全淹没入水的岩土体，有些则不能。根据水体与灾害体的单宽比来分，可将水体分为深水区和浅水区。从区域来看，深水区主要是库区干流，崩滑体入水后完全被淹没，河道几何地形改变较小。在支流或库尾则为浅水区，崩滑体入水后不能完全被淹没，河道因滑坡地形改变强烈，甚至堰塞。

崩塌滑坡失稳模式不同，崩滑体产生涌浪也会有一些差异。例如，厚层块体倾倒、坠落或滑动产生涌浪，碎裂岩体崩滑产生涌浪，岩质顺层滑坡产生涌浪，堆积层滑坡产生涌浪等。这些失稳类型不同，岩土体运动特征不同，扰动水体后使水体的运动也产生差异。

显然，不同涌浪类型明显存在许多差异性。这些差异性重点体现在以下几个方面：①入水点的空间位置。例如，以倾倒、滑动、坠落崩塌这些方式入水时，入水点有明显的区别。入水点不同，形成的原始涌浪形态就有差异。从岸边激发的涌浪为新月形，而从离岸较远处激发的涌浪呈环形或山包形。②物质差异导致形成的涌浪高度有差异。例如，其他条件一致时，堆积体、顺层滑坡、碎裂岩体和块状岩体入水形成的涌浪效应有差异。根据相关研究，碎裂岩体和块状岩体涌浪高度相差 10%～30%。③流固相互作用方式不同的差异。倾倒入水时，岩土体以拍的方式入水，水体表面会受到较大向下的力；而滑移式入水时，岩土体主要是推动水体，更多的是以水平力传导为主。④传播路径差异。当浅水区滑坡堰塞或堵江后，河道地形发生变化，涌浪的传播路径发生改变，特别是堵江后，河道被截断，涌浪从滑坡堵江处分别传播，上下游间无水力联系。

从国内外滑坡涌浪的案例来看，以下这四种滑坡涌浪类型是较为典型、普遍的，也是值得关注的，包括深水区滑动产生的涌浪、浅水区滑动产生的涌浪、水下滑动产生的涌浪和崩塌产生的涌浪。本章将利用国内外典型案例来说明这些较为常见的涌浪类型。

2.1 深水区滑动产生涌浪的典型案例

大量水库滑坡涌浪都属于深水区滑动产生的涌浪，这些岩土体重心在陆地上，滑入深水区，对水道的几何形状改变不大，如我国三峡库区重庆段龚家方滑坡涌浪和湖北水布垭库区大堰塘滑坡涌浪。

2.1.1 三峡库区重庆段龚家方滑坡涌浪

巫山县龚家方斜坡位于长江左岸、三峡库区巫峡口，距巫山城区水平距离为 4.5 km（图 2.2）。龚家方斜坡区域位于四川盆地东部边缘长江左岸（北岸），区内属中-低山中深切割侵蚀河谷地貌，在巫山境内呈 "V" 形谷，山脉走向受区域构造控制，呈 NEE 向。

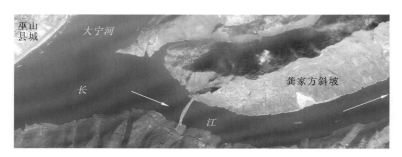

图 2.2　龚家方斜坡位置图

龚家方斜坡位于横石溪背斜 NW 翼，在巫峡口一带岩层呈单斜产出。坡体陡峻，山顶高程 750 m 左右，相对高差 600 m 左右。原始平均坡度为 53°，原始长江水位为 90 m。坡体内发育狭窄的冲沟，滑坡体以冲沟外侧的山脊为界，后缘高程为 450 m。龚家方滑坡位于两冲沟之间的突出山梁部分，使滑体呈现三面临空的形态（图 2.3）。自然斜坡总体呈撮箕状，斜坡方向 160°。斜坡侧缘以两侧季节性冲沟为界，坡角为 30°～40°，中部较陡坡角为 60°～65°，后缘地形坡度为 40°～45°，坡顶呈略为下凹负地形（图 2.4）。

龚家方斜坡基岩岩层产状 353°∠44°，坡向 160°，为逆斜向结构岸坡坡体。从下至上出露地层为下三叠统大冶组三段（T_1d^3）、四段（T_1d^4）和下三叠统嘉陵江组（T_1j），岩性为薄层-极薄层灰岩夹泥灰岩、中厚层的白云质灰岩和灰岩、泥灰岩。

2008 年 11 月 23 日崩塌发生后，出露的新鲜面呈近等腰梯形。2010 年 10 月通过三维激光扫描仪对滑坡部分进行测量，上部宽 45 m，水面处宽 194 m，上游腰长 267 m，下游腰长 272 m，高差 210 m。坡度上部为 64°，下部为 44°。经过前后地形对比计算，滑动方向为 160°，面积有 25 178 m²，平均厚度为 15 m，体积有 380 000 m³（图 2.5）。

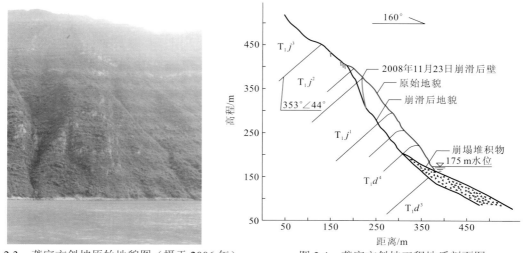

图 2.3　龚家方斜坡原始地貌图（摄于 2006 年）　　　图 2.4　龚家方斜坡工程地质剖面图

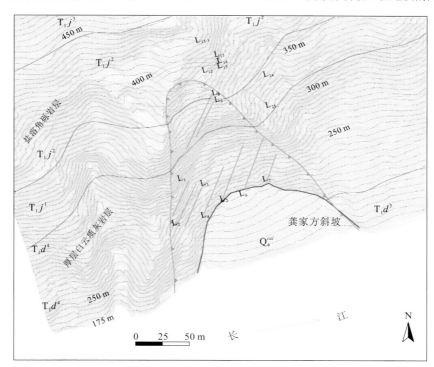

图 2.5　龚家方斜坡工程地质图（2010 年 10 月三维激光扫描仪测）

Q_4^{col} 为滑坡堆积物，L_1～L_{25} 为裂缝编号

　　对龚家方崩塌失稳全过程的视频进行分析发现，龚家方崩塌体在入水过程中，形成了大量的粉尘（图 2.6），在运动气流的作用下，笼罩在入水河面附近，并逐渐向对岸扩散，阻碍了对涌浪形成及传播的观测。在 37 s 时开始有波浪突破粉尘包围圈，可见部分涌浪的发展和传播。对能捕捉到的涌浪进行了有限的波浪特征分析。

（a）T=31.4 s　　　　　　　　　　（b）T=49.6 s

（c）T=52.0 s　　　　　　　　　　（d）T=54.0 s

图 2.6　龚家方崩塌涌浪发生过程记录

　　根据比例尺换算了捕捉到的波高的历时变化情况，如图 2.7 所示。河面上点的运动是三维的，而且无地物标志进行参照，无法做到对某个点定位进行分析。但是跟踪最大波峰的推进，根据 i 至 $i+1$ 时间段内最大波峰的传播距离，粗略地估算了时段内波的总体平均传播速度（图 2.8）。图 2.7 表明在 49.6 s 时最大的波高为 31.8 m，在 53 s 传播 82 m 后浪高已下降至 15.2 m，因此近场区平均衰减率达 4.88 m/s。图 2.8 显示近场区最初传播速度为 18.36 m/s，波浪的传播速度受微地貌影响，但总体上波速逐渐变小。

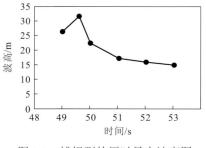

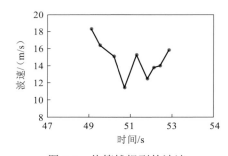

图 2.7　捕捉到的历时最大波高图　　　　　图 2.8　估算捕捉到的波速

　　2008 年 11 月 24 日对龚家方滑坡涌浪的沿岸爬高进行了调查。调查结果显示涌浪的爬高从中心总体向两侧递减，越靠近中心区，递减速率越大。龚家方滑坡北岸上游 300 多米处产生涌浪爬高 13.1 m，在距崩塌体上游 5 km 的巫山码头产生 1.1 m 爬高浪，波浪来回波动近半小时才停止。在其下游 6 km 横石溪水泥厂处涌浪爬高 2.1 m（图 2.9）。涌浪造成沿岸航标灯塔和其他设施受到不同程度损毁，多条大型旅游船船底受损，直接经济损失达 800 万元。

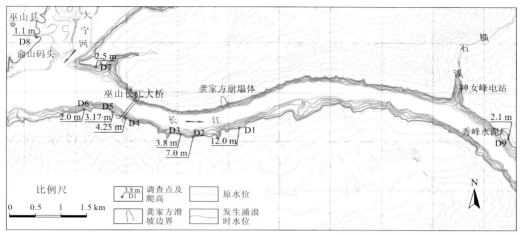

图 2.9　2008 年 11 月 24 日调查龚家方滑坡涌浪爬高情况

2.1.2　湖北水布垭库区大堰塘滑坡涌浪

大堰塘滑坡位于清江左岸，西侧以小型冲沟为界，东侧以庙梁子山脊西陡坎为界，平面形态呈"撮箕"形（"U"形），前缘坡脚临江，主滑方向为 205°，高程约为 225 m，后缘为高 200 m 的陡崖，高程约为 620 m，南北纵长约为 600 m，前缘最宽处达 900 m，平均宽度约为 500 m，滑坡平均厚度约为 10 m，面积约为 $30×10^4\,m^3$，体积约为 $300×10^4\,m^3$（殷坤龙 等，2008）（图 2.10）。

图 2.10　大堰塘滑坡全貌

滑坡区地层出露基岩为三叠系大冶组（T_1d）薄层状泥灰岩，600 m 高程出露为厚层状结晶灰岩夹薄层泥灰岩，基岩岩层产状为 270°∠10°（图 2.11、图 2.12）。从坡体前缘坍滑后出露的临空面可见，斜坡覆盖层具有明显的二元结构特征，上覆 5 m 厚的残坡积粉质黏土夹碎石，碎石呈次棱状，成分主要为灰岩，直径一般为 10～30 cm，表面溶蚀严重，土石比为 7∶3，结构松散，下部为 15~40 m 厚的崩坡积层，成分为碎块石夹土，碎块石直径一般在 30~200 cm，杂乱堆积分布不均一，充填粉质黏土，土石比为 1∶9~2∶8。

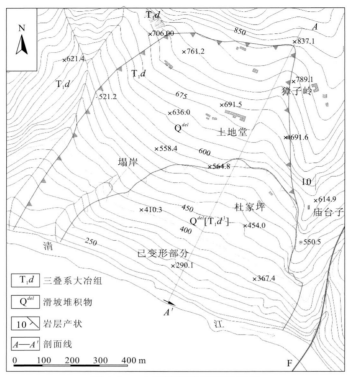

图 2.11　大堰塘滑坡工程地质图

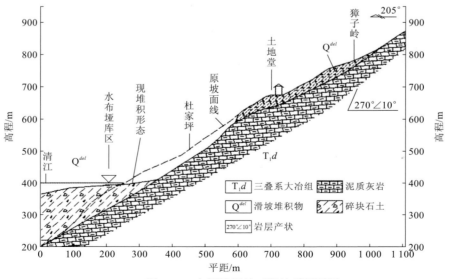

图 2.12　大堰塘滑坡工程地质剖面图

滑坡区补给区为河间地块的各级剥夷面，接受大气降水补给，由于剥夷面上的峰丛槽谷、溶丘洼地在大面积内没有与地表水系相连的溪沟，降水连同剥夷面上的溶隙泉，除蒸发、植物吸收、人畜饮用外，全部转入地下，补给地下水，其中降水沿溶隙下渗为本区的主要形式（张丽芬 等，2008）。

滑坡位于清太坪复向斜内，该复向斜位于长阳背斜和野三关背斜之间，走向 NE15°，由于长阳背斜的抑制作用，其北段在靠近弧形转弯部位产生了同步的弧形拐曲。白果园断裂从滑坡东侧冲沟通过，受此影响区内岩石破碎，风化强烈。主要发育有下列几组裂隙：①70°/SE∠78°，裂面较平直、张开，泥质充填，可见延伸长大于 50 m，1 条/5 m，为前缘坍塌的主要控制结构面；②330°/85°，裂面较平直，张开 1～2 cm，泥质充填，可见延伸长度大于 10 m，2 条/m；③20°/85°，裂面较平直，张开约 0.5 cm，泥质充填，可见延伸长 1 m，2 条/m。

按照物质组成细分，大堰塘滑坡可分为两部分：①东侧为碎裂松散体垮塌，其物质组成为中强风化作用和节理控制下形成的块裂状岩体；②西侧主要为由风化、崩塌造成的碎块石土沿基岩表面的滑移，主要为残坡积、崩坡积（块）石土。碎块石含量达 65%～80%，主要成分为灰岩、泥灰岩，最大粒径为 12 cm 左右，块石长度多为 0.5 m 以上，棱角状，黏土含量较少，结构松散。

2007 年 5 月 29 日～6 月 5 日水布垭水库蓄水至 300 m，前缘发生了几万立方米的岸坡坍塌，斜坡上居民及时搬迁；2007 年 6 月 15 日滑坡体前部在高程 220～600 m 发生大规模滑移，滑动区面积为 $30 \times 10^4 \, \text{m}^2$，体积约为 $500 \times 10^4 \, \text{m}^3$，并造成高约 30 m 的涌浪，并使左侧岩质山体下挫、倾倒，形成小危岩体（图 2.13），受其影响，高程 600～650 m 出现数条 NE60°～80° 走向的裂缝带，裂缝最长达 270 m，宽 10～50 cm，深 3.0 m。该滑移体滑动后其后缘可见平整的基岩裂隙面，并见明显擦痕（图 2.14）。

图 2.13 滑坡东侧岩体牵引倾倒

图 2.14 控制滑坡的裂隙面

大堰塘滑坡的形成是其所处的地质环境条件和水库蓄水共同作用的结果。滑坡所在的斜坡地段处于河流的凹岸，坡体前缘受河流的长期侵蚀冲刷形成高陡的临空面，上方岩体不断崩塌，固体物质堆积在坡脚，在土体自重的作用下，斜坡岩体开始向下蠕滑，岩土界面或主控裂隙面发生剪切。随着时间的推移，剪切带不断扩展、贯通，加之风化及地下水的作用，逐渐形成初具规模的潜在滑带，与此同时，在高陡岸坡的卸荷作用、风化及地下水的长期作用下，斜坡岩体沿两组 "X" 形构造裂隙产生拉裂，并逐渐追踪连贯，最终构成滑坡的潜在边界。随着长期缓慢蠕滑变形的累积与发展，滑坡雏形宣告形成。在某一次暴雨或河流特大洪水（对鄂西山区而言，两者往往同时出现）的强烈作用下，坡体自坡肩（高程 825 m）以下整体失稳滑动，前缘冲入清江，形成滑坡，后缘下挫形成平台，在后期洪水改造下形成现今堆积形态。

库水位是诱发该滑坡失稳的重要因素，在水位上升过程中，滑坡前缘土体的力学状态发生改变，在库水作用下，土体中细颗粒被带走，土体结构重新调整。由于库水的浸泡作用，土体软化造成内摩擦角降低，同时黏聚力随着土体中胶结物质的减少而降低，从而使滑坡前缘土体在库水作用下抗剪强度降低，滑体前缘出现破坏现象。此外，库水位的逐渐抬升，使滑坡地下水位上升，对前缘阻滑段滑体产生托浮作用（张年学，1993），导致岩土体自重减小，引起边坡前缘阻滑段正压力的损失及抗滑力的下降，破坏了坡体的平衡，当达到临界值时，滑坡开始大规模滑动。

降雨尤其是集中降雨是该滑坡坡体失稳的又一个重要影响因素。尽管降雨诱发滑坡的力学作用非常复杂，但从滑坡诱发机制上可以概括为促进滑移面剪应力增大及促使抗剪强度降低（黄涛 等，2004）。因此，降雨和水布垭水库水位在 350～400 m 周期性波动是滑坡变形破坏的主要因素。

该滑坡入江造成的涌浪影响严重，涌浪波及水布垭、金果坪、建始景阳三个乡镇，造成滑坡上游险区 1 km 以外的对岸邻近乡镇 1 人死亡，3 人下落不明，下游 5 km 以外 3 人去向不明的严重后果。殷坤龙等（2008）依据两岸植被水流冲蚀痕迹的量测及居民走访询问，对滑坡点下游的涌浪爬坡高度及其衰减情况进行了现场调查，滑坡对岸涌浪爬坡高度最大，达 50 m 左右，下游侧距大堰塘滑坡 880 m 处对岸涌浪爬坡高度为 38 m，距滑坡 1.8 km 处对岸涌浪爬坡高度为 23 km，距滑坡 2.2 km 处对岸涌浪爬坡高度为 19 m，距滑坡 3.1 km 处对岸涌浪爬坡高度为 11 m，距滑坡 4.2 km 处对岸涌浪爬坡高度为 10.5 m，距滑坡 6.2 km 处对岸涌浪爬坡高度为 10 m，涌浪到达 20.8 km 水布垭大坝处的爬坡高度依然可以达到 4 m 左右（图 2.15）。总体上涌浪衰减为先快后慢，涌浪在下游距滑坡约 4.5 km 范围内衰减较快，到达 4.5 km 时，涌浪爬坡高度只有滑坡发生点的 20% 左右，之后衰减较慢（殷坤龙 等，2008）。

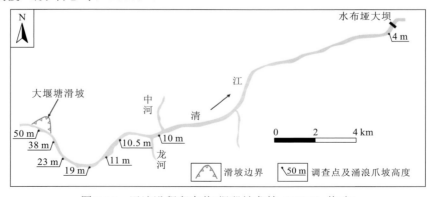

图 2.15　涌浪沿程爬高值[据殷坤龙等（2008）修改]

2.2　浅水区滑动产生涌浪的典型案例

在很多支流或水库的浅水区域发生的滑坡涌浪多属于浅水区滑坡涌浪类型。滑坡重心在陆地上，它们的单宽体积一般远大于河道体积，造成岩土体下滑后，大多会堰塞河道，入水推动水体形成巨大涌浪。典型案例在国内外有我国秭归新滩滑坡涌浪、秭归千将坪滑坡涌浪、湖南柘溪水库唐家溪滑坡涌浪、美国阿拉斯加利图亚滑坡涌浪和意大利瓦伊昂滑坡涌浪等。新滩滑坡涌浪和千将坪滑坡涌浪案例在很多文章与书籍中都有记载，本书就不再赘述。

2.2.1　湖南柘溪水库唐家溪滑坡涌浪

柘溪水库唐家溪河谷属于中山峡谷地貌。河谷内最高山峰高程为 650 m，谷底高程一般为 140～170 m。唐家溪总体流向为 245°，河流坡降较大，长度约 1 km。河水水位高程为 169.5 m 时，河面宽度为 2～100 m，水深 2～15 m。唐家溪原始斜坡坡脚坡度为 25°～30°，高程 200 m 以上斜坡坡角为 35°～40°，斜坡浅层有 2～5 m 的残坡积层覆盖，植被条件好。

2014年6月底～7月初雨期持续了近半个月。在7月4日左右，当地的日降雨量达到 98.5 mm。7月13日暴雨又袭击了柘溪库区。7月15日降雨量达到102.5 mm，在7月16日降雨量达到罕见的239 mm。降雨造成了滑体重量的增加，形成了较大的地下水动力，降低了滑面的抗剪强度，连续的降雨与大暴雨直接诱发了唐家溪滑坡。

唐家溪滑坡发生时水位为 169.5 m，此处原始河床高程约 155 m。唐家溪滑坡平面形态呈三角形。滑坡后缘高程约为 315 m，滑坡剪出口高程约为 155 m，高差约为 170 m。距水面高差 26 m 处滑坡体宽约 95 m；距水面高差 56 m 处滑坡宽约 80 m；越靠近后缘，滑坡宽度越小。与原始地形对比，滑体的平均厚度约为 15 m，滑坡体积约为 $16 \times 10^4 \, m^3$，滑坡主滑方向为 320°。

钻探勘查及野外调查表明，唐家溪斜坡下伏基岩为震旦系南沱组（Zn）和观音田组（Zg），岩性为肉红色浅变质石英砂岩、灰绿色冰碛泥砾岩和青灰色板岩夹碳质板岩。斜坡岩体的板理倾向为300°～310°，倾角为30°～40°。斜坡下部顺斜坡走向发育两个高倾角的断层，断层带主要是糜棱岩化的破碎带。受断层影响，基岩裂隙发育，岩体中主要发育有两组裂隙：①20°～30°∠60°～70°；②300°～320°∠65°～70°，部分裂隙中充填红色或棕色黏土。两组结构面、板理相互交切，形成碎裂结构岩体。

滑坡启动后，碎裂结构岩体迅速解体。滑坡堆积体物质主要以基岩解体形成的碎块石为主。中大型碎块石集中在滑坡中下部，最大块石长度约 2.5 m。堆积体中碎块石平均粒径为 30～40 cm；碎石呈尖锐棱角状，架空堆积。滑坡堆积区现场可见的少量含碎石土主要分布在滑坡侧缘和堆积扇的前缘，这些土体主要来源于原始斜坡表层的风化层和残积物。

　　滑坡体部分堆积在河道内，部分残留于斜坡上。滑坡坝抬高了河床，阻塞了上游水流，形成了小型堰塞湖。堰塞坝下游侧较上游岸稍高，中间有鼓丘。滑坡堆积体在纵剖面上形成两级平台。平台之上的堆积物坡角约为 33°。第一级缓坡平台平均高程约为 185 m，长约为 38 m，宽约为 77 m，平台坡度约为 10°。第二级平台在河道中，平均高程约为 172.5 m。该平台有鼓丘，鼓丘高程约为 175.5 m。平台长约 75.5 m，宽约 98 m，平均坡度为 5°～10°。图 2.16 和图 2.17 中可明显看到第二级平台堰塞了河道。

图 2.16　滑坡侧面照片（拍摄于 7 月 23 日，水位 167 m）

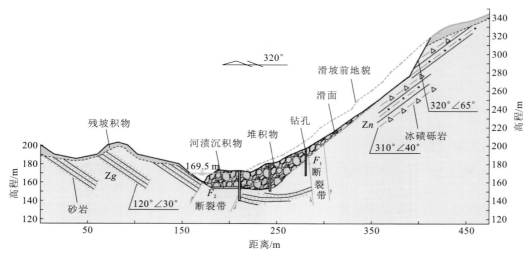

图 2.17　唐家溪滑坡剖面图

　　目击者描述滑坡在几秒钟内滑入水中形成了滑坡坝，以滑动时间为 10 s 来计算，滑动至水面附近时落差在 70 m 左右，滑动距离为 122 m。利用牛顿运动定律可估算出滑坡的最大运动速度在 24 m/s 左右。滑动激起了巨大涌浪，涌浪冲击对岸，将对岸 6 间房屋夷为平地，树木完全被齐根冲断[图 2.18（b）]。然后涌浪分别向上游和下游流动，高速运动的水体所到之处，房屋被毁坏[图 2.18（c）、（e）]，树木被折断[图 2.18（d）]。涌浪冲毁 9 栋房屋，8 栋房屋部分被毁坏，17 户 121 人受灾。

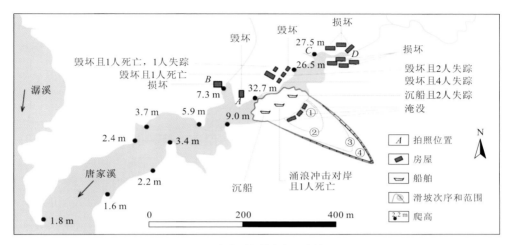

（a）唐家溪滑坡灾害示意图

（b）位置A　　　　　　　　　　　　　　（c）位置B

（d）位置C　　　　　　　　　　　　　　（e）位置D

图 2.18　唐家溪滑坡灾害示意图及涌浪损毁的房屋、树木照片

滑坡区河道水深仅有 10 m 左右，有限水体从高速运动的岩土体中获得了巨大能量，形成了巨大涌浪。根据涌浪爬高的现场调查，最大爬高出现在滑坡对岸，爬高值为 32.7 m。上游最大爬高值在上游约 100 m 的一条冲沟内，爬高值为 27.5 m。向下游，随着距涌浪源距离的增大，河面变宽，爬高值逐渐减小。在唐家溪入潺溪河口处最大涌浪爬高为 1.8 m。唐家溪近垂直汇入潺溪，河面突然变得非常开阔，涌浪迅速衰减，在潺溪两岸未看见涌浪形成的爬高痕迹。

2.2.2 美国阿拉斯加利图亚滑坡涌浪

利图亚湾是一个呈"T"字形的进潮口，它将沿海低地和位于阿拉斯加州南海岸的圣埃利亚斯（St. Elias）山脉费尔韦瑟（Fairweather）山麓侧从中断开（图 2.19）。与"T"字形海湾主要部分相应的主干共 12 km 长，从海湾入口向东北方向延伸。除入口处的宽度仅为 300 m 外，主干宽度为 1.2～3.3 km。该海湾存在山谷冰河蚀刻的低洼地，其中利图亚、克里伦（Crillon）和喀斯喀特（Cascade）冰川是冰川遗迹。海底等深线显示这个凸出的"U"字形海沟河床是一个从湾头到水深高达 220 m 处平缓向下的广阔平坦的水下斜坡。海湾入口处的水深最低为 10 m。

图 2.19　1958 年 8 月利图亚湾全景（Miller，1960）

在湾头处，山壁如峡湾般被冰川切割得陡立。这些山壁一直都被冰川所侵蚀。高处冰碛石的放射性碳日期表明冰川退缩仅是近千年的事情（Slingerland et al.，1979）。湾头处的两臂是向西北和东南延伸数十千米的一个大型海沟的一部分，为费尔韦瑟大型活动断层的地形表现。

在近两个世纪，由于海湾的独特地质和构造背景，利图亚湾至少发生过 4 次巨型涌浪事件。与其他类似海湾相比，冰川覆盖陡坡、高度破碎的岩石及活动断裂带、强降雨、反复冻融的综合效应，使利图亚湾常有涌浪发生（Miller，1960）。1853 年或 1854 年、1936 年和 1958 年的三次极端涌浪爬高造成了利图亚湾山坡位于 100 m 高程以上的毁林线（Fritz et al.，2001；Miller，1960）。1958 年，在吉尔伯特（Gilbert）入口西南壁的山脊处观察到历史记录最高的波浪爬高 524 m，大量学者重点对 1958 年发生的岩崩涌浪事件进行了研究。

1958 年 7 月 9 日当地时间 22 时 16 分开始，吉尔伯特入口和克里伦入口的西南侧与底部向西北方移动，且费尔韦瑟断层对面湾头东北岸相对抬升。据记录，水平移动和垂直移动各达 6.4 m 和 1 m（Tocher et al.，1959）。根据停泊在海湾里的两位目击者的描述，预计利图亚湾剧烈摇晃持续 1～4 min。地震震级达 8.3 里氏震级。在海湾的大部分地区地震烈度为 XI 级，但在海湾的利图亚口烈度非常有可能在 XII 级左右。在高烈度区（XI、XII 区），地震造成的水平运动加速度在 1.0g 左右，垂直运动的加速度在 0.75g 左右（Pararas-Carayannis，1999a）。在地震发生后的 1～2.5 min 内，第一块巨岩从吉尔伯特入口东北壁崩塌（图 2.20、图 2.21）。

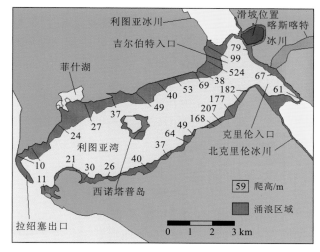

图 2.20　利图亚滑坡及涌浪爬高淹没线分布图

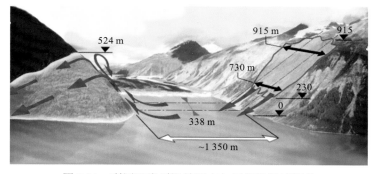

图 2.21　利图亚岩质滑坡形态与涌浪毁林线照片

该崩塌由断层活动及强烈的地震震动触发。整个岩体极有可能是在地震时整体落入吉尔伯特入口。Pararas-Carayannis（1999b）把这次事件称为岩崩，从而将其与有缓慢过程的滑坡区别开来，而 Miller（1960）认为它更像是处于 Varnes（1958）所定义的岩质滑动和岩质崩塌之间的范畴。这次岩崩发生在海拔为 915 m 且平均坡度为 40° 的崩塌活跃地带.岩石主要为角闪石和黑云母片岩,密度为 2.7 g/cm³.此次岩崩宽度为 732～915 m,长度为 970 m,最大厚度约为 92 m,重心高度约为 610 m,体积约为 30.6×10⁶ m³,大致为一个三棱柱状体(Slingerland et al.,1979;Miller,1960)。

　　Miller(1960)详细阐述了吉尔伯特入口岩崩前后的状态。岩崩后,利图亚冰川前缘几乎呈一个笔直的峭壁,与吉尔伯特入口的轴线相垂直。岩崩期间,冰川前缘大约400 m 的冰川物质被切掉,且砾石三角洲也遭到推挤或被冲走。该岩崩形成了类似孤立波的一股巨大重力波,吉尔伯特入口西南岸山脊上岩崩主轴直线方向上的最大波浪爬高达 524 m(图 2.21)。524 m 的爬高是 1936 年挪威卢恩湖观察到的最大波浪爬高的七倍,大约为瓦伊昂滑坡和斯皮里特莱克湖滑坡涌浪爬高的两倍。

　　利图亚巨型涌浪的形成有以下四种机制假说:①滑坡机制;②地震机制;③冰川湖溃湖机制;④崩塌冲击机制。Pararas-Carayannis(1999a)认为滑坡机制的能量源不足,因为滑坡与水体能量转换率在 4%左右,滑坡推动水体到达不了 524 m 的爬高高度。地震的运动造成的涌浪形态和爬高位置与实际不符。而冰川湖溃湖后有大量的水体,但不足以造成巨大的爬高。Pararas-Carayannis 提出了崩塌冲击机制,可以很好地解释涌浪问题。采用 N-S 方程,后期数学分析表明冲击造成的水体能量及实际的水体体积都能产生这样的巨型涌浪,冲击模型有效说明了有限水体是如何形成巨大爬高的(Mader et al.,2002)。Fritz 等(2001)在二维物理模型中采用这一机制也准确再现了吉尔伯特入口岩质滑动冲击造成的 524 m 爬高。

2.2.3　意大利瓦伊昂滑坡涌浪

　　瓦伊昂河是皮亚韦(Piave)河的一条支流,距离威尼斯(Venice)市以北约 100 km。20 世纪 20 年代,专家提议在此地建坝,1956 年坝址开始开挖,1960 年 2 月开始蓄水,1960 年 9 月大坝完工。大坝为双曲拱坝,高 265.5 m,当时是世界最高的薄拱坝。大坝建在狭窄的"V"形峡谷中,坝顶弦长为 160 m,最大库容为 1.69×10⁸ m³。1960 年11 月 4 日,水库坝前水深 180 m 时,南侧一大型滑坡发生。70×10⁴ m³ 的灰岩在 10 min内滑入水库中。同时,一条 2 km 长的裂隙张开,这表明一个非常大的滑坡开始运动。于是,水库调整水位,坝前水深降低至 135 m,这一大型滑坡蠕变速率降低为 1 mm/d。1961 年 10 月～1962 年 11 月坝前水深又逐步抬升至 240 m,滑坡蠕滑速率增加至12 mm/d。在 1962 年的 11 月水库又开始退水。至 1963 年 4 月,坝前水位降低至 185 m,变形速率变为 0 左右。1963 年 4 月水库开始第三次蓄水,到当年 9 月蓄水至 250 m,滑坡蠕滑速率增加至 35 mm/d。为了减少蠕滑速率,水库开始第三次退水。到 1963 年 10月 9 日,坝前水深降低至 240 m,但蠕滑速率增加至 200 mm/d(Müller,1964)。

　　1963 年 10 月 9 日 22 时 39 分意大利瓦依昂水库左岸近坝地段超过 2 km 长斜坡发生巨型滑坡。约 2.75×10⁸ m³ 的顺层岩体冲入水库并壅塞到水坝前(图 2.22、图 2.23),致使坝前 1.8 km 长的水库变为石库。释放的能量估计有 1.3×10¹⁵ J(Erismann,1979)。滑动距离约为 500 m,与滑坡体体积相比滑距较小。Silvia 等(2011)采用浅水波模型计算了滑坡形成的涌浪过程,并估计有超过 20.5×10⁶ m³ 的水体越过大坝,形成高于大坝近 100 m 的水墙。这些水体宣泄而下，摧毁了下游的隆加罗内（Longarone）、皮拉戈（Pirago）、维瓦塔（Vivalta）和法罗（Fae）等村镇，造成 1 925 人遇难。这次滑坡涌浪造成了约 200×10^6 美元的经济损失。

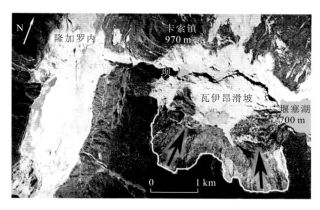

图 2.22　瓦伊昂山谷航空照片（Müller，1964）

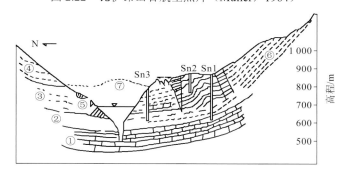

图2.23　瓦伊昂滑坡滑前工程地质图（Müller，1964）

①为灰岩；②为含黏土夹层的薄层灰岩；③为燧石灰岩；④为泥灰质灰岩；

⑤为老滑坡；⑥为滑移面；⑦为滑动后地面线；Sn1～Sn3为钻孔及编号

自从Müller于1964年发表"The rock slide in the Vajont valley"（Müller，1964）以来，瓦依昂滑坡已成为当今世界分析研究最多、发表文献最多的案例，研究讨论主要涉及对滑坡危险的认识、成因解释、物理力学和数学知识应用及工程运行、处置决策的正误等。众多研究者把滑坡的成因归结为多种因素，这些因素引发了巨型顺倾层状岩体滑坡，包括滑坡前缘河谷深切、卸荷节理发育、岩体顺倾且存在软弱黏土夹层并成为主要滑动面、前期连续降雨、水库水位未能及时降低、斜坡体内地下水位升高和孔隙水压力增大等。另外，对初始滑动机理的认识过程及背景、逻辑推理的失误、多层次处理与多因素调和的乏力也进行了反思，提出了如果在滑坡发生前能够开展一些工作或工作中认识能够提高，也有可能避免大型灾难的发生；这些工作和认识包括预测滑动速度、预留坝高、模型试验预测涌浪、早期大范围排水、坡脚早期抗滑控制、预警体系建立。

2.3　水下滑坡产生涌浪的典型案例

尽管水库蓄水后水位上升，造成一些滑坡被淹没或大部分被淹没（重心位于水下），但较少有水库内水下滑坡滑动的报道，水下滑坡产生涌浪的报道更为少见。这可能与较少能直接观察到水库水下滑坡滑动现象、水库区水下滑动造成的危害较少及水下滑动产生涌浪较小有关。但这种现象在大陆架或滨海区域则有所报道。例如，1991 年 11 月，我国中石化兴中岙山 20 万吨级原油码头项目的前期沉桩过程中，出现突发性水下滑坡事件，导致多根桩基倾倒，并在当地引发 2～3 m 海啸（胡涛骏 等，2006）。

水下滑坡虽然较为少见，但它代表着大型水库区内重心在水下的滑坡，这类滑坡由于长期浸泡在水下且后缘处于水位波动带，稳定性差。这一类型滑坡失稳产生的涌浪常常具有隐蔽性，是防灾减灾需要考虑的内容，也是较为重要的一种滑坡涌浪类型。本节主要介绍国外两例海岛水下滑坡造成的涌浪（海啸）事件。

2.3.1　巴布亚新几内亚里特岛滑坡涌浪

里特（Ritter）岛位于巴布亚新几内亚俾斯麦（Bismarck）海东北方向。里特火山是 1 000 km 长的俾斯麦火山弧上的若干活火山之一。该岛于 1888 年 3 月 13 日几乎完全消失在海底。该事件看上去是一次简单的火山锥滑动事件，可能伴有小规模喷发活动。但是里特岛滑动导致了涌浪（海啸）的产生，该海啸在 500 km 外仍可观察到。在滑坡方向西侧也遭受到了海啸的冲击，但是只有位于里特岛东部的新不列颠（New Britain）岛记录了涌浪爬高。在新不列颠岛上，记录的最大波浪爬高为 15 m（Cooke，1981）。原来 780 m 高的火山仅有一小部分还留在海平面以上（图 2.24）。里特岛现在为 1.9 km 长的弧形小岛，其西侧为尖锐的火山口绝壁。该绝壁在小岛中央的海拔最高，约为 140 m，然后从西北到西南，高度逐渐降低。水深测量显示，里特岛上有一大片朝西的崩塌堆积物（Johnson，1987）。该片堆积物宽约 4.4 km，面积约为 13 km^2。假定里特岛在崩塌之前呈对称分布，则 1888 年破坏的岩体总体积预计为 4～5 km^3。里特岛的岩性为玄武岩及二氧化硅含量低的安山岩。西侧目前斜坡坡角为 20°～25°，东侧可代表事件发生之前的火山侧，最大角度约为 45°。1888 年里特岛滑坡涌浪事件是巴布亚新几内亚火山岛若干大规模（潜在）滑坡案例中最近且仅有的一例。

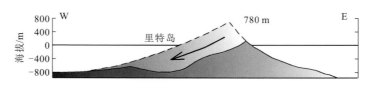

图 2.24　里特岛剖面示意图（Johnson，1987）

2.3.2　意大利斯特龙博利岛滑坡涌浪

斯特龙博利（Strómboli）岛位于第勒尼安东南海，是一个著名的持续火山活动区，常常有火山爆发事件。它的地貌形态反映着过去 10 万年海岛经历的灾难性事件。最近的一次事件是全新世崩塌，形成了火山西北侧的富奥科山（Sciara del Fuoco，SDF）缺口（Tibaldi，2001）。一个体积约 1 km³ 的岩土体滑进大海，很可能引发巨大海啸（Tinti et al.，2003），而且改变了岛的形状。该滑坡大部分处于水下，物质以火山坑中堆积的火山喷发物为主。大量的物质从火山坑滑出，形成了宽约 2 km，高 200～300 m 的峡谷。滑坡痕迹从火山坑开始，延伸水下约 10 km 长。

表 2.1 统计了近些年以来斯特龙博利岛所发生的水下滑坡及产生的涌浪情况（Tinti et al.，2008）。大多数目击者报道的涌浪（海啸）是由 SDF 处产生的，如两起 2002 年 12 月 30 日发生的滑坡涌浪。在这一案例中，涌浪波影响了海岛的所有海岸线，最大爬高达 10 m。幸运的是，发生时非旅游季节，没有人员伤亡。调查表明，第一次滑动为水下滑坡，第二次为陆地滑坡，两次滑动的总体积约为 $3 \times 10^7 \, \text{m}^3$。

表 2.1　斯特龙博利岛所发生的水下滑坡及产生的涌浪统计表（Tinti et al.，2008）

发生时间	发生位置	简要描述
1916 年 7 月 3 日	SDF 处水下滑坡	海水倒退，海啸淹没了斯特龙博利北部的隆加（Spiaggia Longa）海滩
1919 年 5 月 22 日	SDF 处水下滑坡	在斯特龙博利，海水倒退 200 m 后海啸淹没了海滩，携带船只进入内陆的葡萄园超过 300 m
1954 年 2 月 2 日	南东侧海岸的水下滑坡	海水倒退后，涌浪袭击了斯特龙博利东部，船只被携带进内陆地
2002 年 12 月 30 日	SDF 北部水下滑坡+陆地滑坡	对斯特龙博利，尤其是皮西塔（Piscità）、无花果（Ficogrande）、蓬塔莱娜诺德（Punta Lena Nord）和斯卡里（Scari）造成了巨大冲击。在隆加测量的爬高达 10.9 m，在皮西塔和无花果测量的爬高超过 10 m

2.4　崩塌产生涌浪的典型案例

从母岩中以倾倒、滑移或其他机制分离出来的危岩体发生失稳后，以坠落、滑动、倾倒等方式移动。危岩体失稳后势能转化为动能，其运动速度一般非常快。在三峡库区常见的崩塌类型有拉裂-滑移型、板柱状倾倒型、采矿型和复杂机制的塔柱状危岩体。崩塌体高速运动的机制与高势能转化为高动能有关。

2.4.1　重庆鸡冠岭崩塌涌浪

重庆武隆乌江鸡冠岭崩塌位于武隆东北部兴顺辖区的乌江南岸高陡岸坡地带，1994 年

4 月 30 日 11 时 45 分，高程 560~831 m 的陡崖约 400×10⁴ m³ 岩体突然崩塌，岩块顺坡（北东方向）而下至近江边的龙冠咀处分流，一部分堆积于龙冠咀南东侧的黄岩沟中，另一部分顺斜坡直入乌江（图 2.25），瞬间崩塌体切断乌江水流 0.5 h，并形成 10 m 高的水位落差，水下暗礁激起浪高 5 m（舒泽宣，2012）。

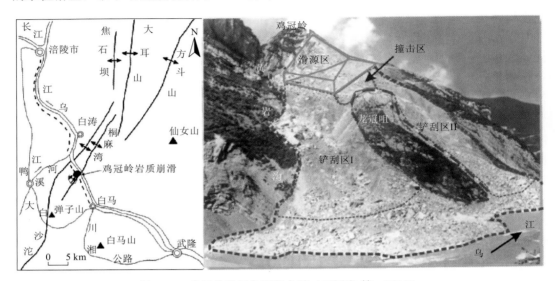

图 2.25　鸡冠岭崩塌位置和全貌（王国章 等，2014）

　　鸡冠岭崩塌海拔 897 m，属当地的第 IV 级剥蚀面，位于轴向 NWW 的桐麻湾背斜 NE 翼上的次级小背斜（暂名鸡冠岭背斜）轴部，由二叠系厚层-中厚层灰岩构成。小背斜轴向也为 NWW，SW 翼平缓，NE 翼陡立而呈膝状。本次崩塌物主要来自小背斜 NE 翼灰岩构成的反倾结构的悬崖壁上。岩层层理（倾向为 300°，倾角为 40°～80°）在卸荷作用下，扩展成卸荷裂隙，向坡体深部延伸。崩塌发生区西侧坡体内的卸荷裂隙则是沿原背斜横向节理发育，其倾向为 40°，倾角为 70°～80°，平行陡崖。它们是第 IV 级剥蚀面边缘地带悬崖平行后退的基础，它们切入悬崖下方缓坡坡体之中，成为坡体长期缓慢变形并最终滑动的测界（陈自生 等，1994）。

　　鸡冠岭崩塌是多种因素共同作用的结果。从地质因素方面来看，鸡冠岭崩塌区河谷深切（多在 700 m 以上），山高坡陡（50° 以上），为崩塌提供了良好的地形条件，同时，鸡冠岭背斜西翼岩层向 NW 陡倾，具备向 ES 侧倾倒崩塌的岩体结构条件；从环境因素方面来看，长期的地下水渗透、风化作用和地下采矿是鸡冠岭崩塌的主要诱发因素（陈自生 等，1994）。

　　与新滩滑坡和千将坪滑坡不同的是，鸡冠岭崩塌的发生，形成了一条崩塌—碎屑流—堵江的灾害链，即坡角处先发生滑坡，诱发上部山体发生崩塌，崩塌体加积于滑坡体上，形成滑坡碎屑流（陈自生 等，1994）。

　　鸡冠岭崩塌灾区距下游江口（涪陵）35.7 km，距上游白马 7.0 km。崩塌堆积物的体积为 530×10⁴ m³，其中 30×10⁴ m³ 倾入乌江（没入水下的有 10×10⁴ m³），成坝堵江，断流 30 min，水位落差 10 m，致使乌江断航。崩塌物入江后，击沉江边等待装煤的船只 2 艘，击毁 1 艘，涌浪又掀翻附近的小渔船 2 艘，导致 4 人死亡，12 人失踪，5 人受伤。摧毁年产 6 万吨的煤矿 1 座，损坏年产 5 万吨的煤矿 1 座，江边正在施工中的双白（白涛—白马）公路也受到极大危害，造成直接经济损失近 1 000 万元。川东南和黔北 20 余个市县因乌江断航而蒙受巨大的间接经济损失（陈自生 等，1994）。

　　大量崩滑地质灾害历史表明，涉水地质灾害体破坏失稳后都具有不同程度的静态、动态致灾效应。涉水地质灾害具有强大的破坏性，对其表面承载物造成巨大毁坏，如生活在上面的居民、建筑物、植被、社会公共设施等，直接给城镇、企业、居民带来灾难，同时可能形成涌浪或堵塞航道，形成堰塞湖，严重影响航道正常安全运营和沿岸基础设施与人民生命财产安全。

2.4.2　挪威卢恩崩塌涌浪

　　卢恩湖坐落在挪威西部北峡湾（Nordfjord）内部北纬 62° 正南方。卢恩湖平均海拔为 48 m，长度为 11 km，宽度为 1.5 km，最大水深为 132 m，水量为 0.69 km^3。在湖泊西南部，拉夫内吉尔（Ravnefjell）斜坡陡峭竖立在卢恩湖 2 000 m 以上。拉夫内吉尔斜坡在 1905～1950 年共发生 7 次大型岩崩，其中两次产生的巨大涌浪曾先后夺取 134 条生命，约占当时湖岸居住人口的一半。总共估计崩塌释放了约 3×10^6 m^3 岩体。其岩性为坚硬的片麻岩，密度为 2.7 g/cm^3（Grimstad et al.，1991）。

　　1905 年 1 月 15 日，一块约 100 m 高、50 m 宽和 10 m 厚的岩块从约 500 m 高的绝壁上落下。在绝壁脚下，这块体积为 5×10^4 m^3 的岩块冲击了被岩屑堆覆盖的冰碛石，导致约 30×10^4 m^3 的冰碛石被推动，约 35×10^4 m^3 的岩土体大规模下滑。这在这次岩崩主轴方向产生最大 40.5 m 涌浪爬高（图 2.26）。涌浪横向传播摧毁了 2 个村庄，造成 61 人死亡（Bjerrum et al.，1968）。

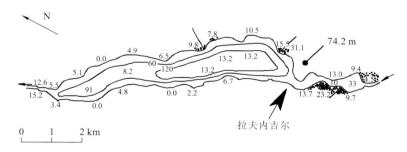

图 2.26　卢恩湖等深线图及滑坡与涌浪最大爬高位置图（Bjerrum et al.，1968）

　　1936 年 9 月 13 日，在拉夫内吉尔这一活跃区域又发生了另一起岩崩。崩塌体从 400～800 m 高的斜坡上滑出（图 2.27）。岩崩体积约为 1×10^6 m^3。此次产生的涌浪比 1905 年的涌浪更大、更具摧毁力。1905 年岩崩产生后，尽管人们重建的房屋在比以前更高的地方，但是还是几乎全被摧毁，共有 73 人在此次事故中丧生。详细的涌浪爬高调查表明岩崩主轴方向再次观察到的最大波浪爬高达到了 74.2 m。爬高随离岩崩距离增加而以不连续的方式快速下降。在水域变窄的湖泊出口，波浪爬高再次增至 15 m，其横向跨距隔瓦森嫩（Vassenden）大桥超过 8 km（Bjerrum et al.，1968）。波浪爬高增加归因于地形变窄和水深下降产生的波能收敛。

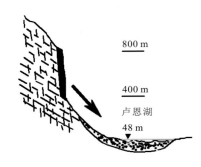

（a）拉夫内吉尔崩塌照片　　　　　　　（b）拉夫内吉尔剖面图

图 2.27　拉夫内吉尔崩塌照片及其剖面图

随后 1936～1950 年在同一地点又发生了三起岩质滑坡。垂直于滑动方向的节理十分发育，经反复冻融而产生水力劈裂，从而形成新的危岩体[图 2.27（b）]。山壁底部的斜角经过一系列岩崩从 65° 下降至 40°。一系列岩崩产生的碎屑逐渐填满了冲击点附近的湖泊，从而降低了后来拉夫内吉尔岩崩产生的涌浪高度（Grimstad et al.，1991）。

第 **3** 章

基于水波动力学的
深水区陆地滑坡涌浪

　　三峡库区干流蓄水后，水深，河面宽，许多滑坡破坏后运动入水对河道侵占百分比较小，河道地形改变微弱。这一类滑坡涌浪也可称为深水区滑坡涌浪。这一类型的滑坡涌浪研究较多（黄波林，2014；殷坤龙 等，2012）。

　　滑坡崩塌造成的涌浪波是一种水波现象，水波现象人们很早就开始关注。从 Lamb（1945）到 Grimshaw（2007），大量国内外学者对各类型波进行了大量的理论数学研究，产生了许多具有实用价值的数值方程解。例如，孤立波可以根据非线性浅水波（non-linear shallow water wave，NSWW）模型和布西内斯克模型获得较精确的数值解。正弦波、椭圆余弦波、潮波也均有相应的理论数学解（图 3.1）。涌浪波主要参数有波幅、波高、波长、波周期、水深、波速等。这些波浪的特征值毫无疑问与滑坡崩塌运动、水体等各相关初始条件有着紧密联系。

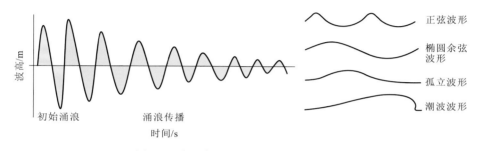

图 3.1　波浪序列及四种主要波形示意图

　　在初始波浪、波类型已知的情况下，可根据不同类型波的经典理论方程计算演绎后期波浪的高度、周期等参数特征值。简单地说，基于水波动力学的滑坡涌浪分析原理就是在涌浪的初始状态、波类型已知的情况下，根据水波动力学方程计算后续涌浪的高度等参数特征。

　　根据波浪数学模型，水波动力学模型可分为布西内斯克模型、NSWW 模型和潜势流模型。采用这些模型，部分国内外学者对一些滑坡涌浪实例进行了研究。由于水波动力学模型近年来才开始发展，其适用性和实用性还都不完善。

　　当前，基于水波动力学的水库滑坡涌浪研究重点在初始涌浪源模型上，即建立不同类型的初始涌浪源模型。本章基于物理试验来构建深水区滑坡涌浪源模型，并利用大型缩尺物理试验进行有效性检验，最后利用这一涌浪源模型进行实例应用。

3.1　深水区滑坡涌浪源特征

　　表 3.1 总结了一些重要的以往物理试验研究，这些模型研究可分为二维（2D）、三维（3D）块体模型和二维、三维颗粒体滑动模型。二维物理试验忽略了空间涌浪波在第三方向上的传播，与三维模型相比低估了波的振幅衰减（Mohammed et al.，2013）。块体滑动模型与颗粒滑动模型相比，普遍高估了波幅（Zweifel et al.，2007）。

表 3.1   以往物理试验研究归纳表

参考资料	水槽尺寸			滑床坡角 /（°）	滑体规格	尺寸	研究内容
	L_{SC}/m	W_{SC}/m	H_{SC}/m				
Noda （1970）	—			—	实心矩形体	—	G
Kamphuis 等（1970）	45	1	0.23～0.46	45	钢盒	2D	G
Huber 等（1997）	30.33	0.5	0.5	28～60	颗粒材料	3D	G，P
Walder 等（2003）	3.0	0.285	1.0	10～20	空心长方体	2D	G
Fritz 等（2004）	11	0.5	1.0	45	粒状材料和PLG	2D	G，P
Panizzo 等（2005a）	11.5	6	0.8	16～36	实心矩形体	3D	G，P
Ataie-Ashtiani 等（2008c）	25	2.5	1.8	30～60	实心矩形体和半椭圆形	3D	G，P

注：L_{SC}为水槽长；W_{SC}为水槽宽；H_{SC}为水槽高；PLG为气动式滑坡发生器；G为涌浪产生；P为涌浪传播[修改自Ataie-Ashtiani 等（2008c）]。

　　本节通过概化滑坡涌浪物理试验，分析比较常见的两种失稳类型的陆地滑坡（刚性块体和颗粒体）产生涌浪的特点，获得陆地滑坡涌浪特征值的数学表达式。

3.1.1   深水区滑坡涌浪概化物理试验设计

　　在对深水区滑坡原型进行概化后，将试验分为两组。第一组试验是刚性块体滑入水中，第二组试验是颗粒体下滑入水。两组试验中模拟崩滑体的材料参数分别见表3.2和表3.3。

表 3.2   刚性块体物理试验设计（模型值）

序号	h_0/m	W_s/m	α_0/（°）	T_s/m	L_s/m	h_{0c}/m	α/（°）	L_w/cm
1	0.45	0.10	20	0.10	0.20	0.125	30	126
2	0.45	0.15	25	0.15	0.25	0.250	35	105
3	0.45	0.20	35	0.20	0.30	0.500	40	125
4	0.45	0.25	45	0.30	0.40	0.750	45	112
5	0.45	0.30	55	0.30	0.50	1.000	50	91
6	0.45	0.35	65	0.35	0.60	1.250	60	56
7	0.45	0.40	75	0.40	0.70	1.500	65	56
8	0.55	0.10	35	0.25	0.50	1.250	65	42
9	0.55	0.15	45	0.30	0.60	1.500	30	210
10	0.55	0.20	55	0.35	0.70	0.125	35	162
11	0.55	0.25	65	0.40	0.20	0.250	40	89
12	0.55	0.30	75	0.10	0.25	0.500	45	89

续表

序号	h_0/m	W_s/m	α_0/（°）	T_s/m	L_s/m	h_{0c}/m	α/（°）	L_w/cm
13	0.55	0.35	20	0.15	0.30	0.750	50	107
14	0.55	0.40	25	0.20	0.40	1.000	60	88
15	0.65	0.10	55	0.40	0.25	0.750	60	125
16	0.65	0.15	65	0.10	0.30	1.000	65	19
17	0.65	0.20	75	0.15	0.40	1.250	30	161
18	0.65	0.25	20	0.20	0.50	1.500	35	150
19	0.65	0.30	25	0.50	0.60	0.125	40	150
20	0.65	0.35	35	0.30	0.70	0.250	45	126
21	0.65	0.40	45	0.35	0.20	0.500	50	110
22	0.70	0.10	75	0.20	0.60	0.250	50	73
23	0.70	0.15	20	0.25	0.70	0.500	60	125
24	0.70	0.20	25	0.30	0.20	0.750	65	58
25	0.70	0.25	35	0.35	0.25	1.000	30	210
26	0.70	0.30	45	0.40	0.30	1.250	35	180
27	0.70	0.35	55	0.10	0.40	1.500	40	106
28	0.70	0.40	65	0.15	0.50	0.125	45	99
29	0.75	0.10	25	0.35	0.60	1.500	45	130
30	0.75	0.15	35	0.40	0.70	0.125	50	125
31	0.75	0.20	45	0.10	0.20	0.250	60	70
32	0.75	0.25	55	0.15	0.25	0.500	65	58
33	0.75	0.30	65	0.20	0.70	0.750	30	150
34	0.75	0.35	75	0.25	0.20	1.000	35	144
35	0.75	0.40	20	0.30	0.25	1.250	40	150
36	0.75	0.10	45	0.15	0.70	1.000	40	57
37	0.80	0.15	55	0.20	0.20	1.250	45	57
38	0.80	0.20	65	0.25	0.25	1.500	50	57
39	0.80	0.25	75	0.30	0.30	0.125	60	42
40	0.80	0.30	20	0.35	0.40	0.250	65	58
41	0.80	0.35	25	0.40	0.50	0.500	30	150
42	0.80	0.40	35	0.10	0.60	0.750	35	57
43	0.85	0.10	65	0.30	0.40	0.500	35	105

序号	h_0/m	W_s/m	α_0/（°）	T_s/m	L_s/m	h_{0c}/m	α/（°）	L_w/cm
44	0.85	0.15	75	0.35	0.50	0.750	40	106
45	0.85	0.20	20	0.40	0.60	1.000	45	72
46	0.85	0.25	25	0.10	0.70	1.250	50	42
47	0.85	0.30	35	0.15	0.20	1.500	60	32
48	0.85	0.35	45	0.20	0.25	0.125	65	20
49	0.85	0.40	55	0.25	0.30	0.250	30	105

注：L_s、W_s 和 T_s 为滑块的长度、宽度和厚度；α 为滑面坡角；h_{0c} 为滑块的初始位置；h_0 为水箱中静止水深；α_0 为对岸坡角；L_w 为 WG01 的位置，根据 WG01 和容器边缘之间的距离来确定。

表 3.3　颗粒体物理试验设计（模型值）

序号	h_0/m	α/（°）	V_s/m³	h_{0c}/m	D_{50}/cm	L_w/cm
1	0.65	35	0.004	0.25	0.5	150
2	0.65	40	0.008	0.50	1.0	127
3	0.65	45	0.016	0.75	2.5	135
4	0.65	50	0.036	1.00	5.0	135
5	0.65	60	0.072	1.25	10.0	127
6	0.70	35	0.016	1.00	10.0	140
7	0.70	40	0.036	1.25	0.5	127
8	0.70	45	0.072	0.25	1.0	127
9	0.70	50	0.004	0.50	2.5	107
10	0.70	60	0.008	0.75	5.0	127
11	0.75	35	0.072	0.50	5.0	151
12	0.75	40	0.004	0.75	10.0	127
13	0.75	45	0.008	1.00	0.5	127
14	0.75	50	0.016	1.25	1.0	127
15	0.75	60	0.036	0.25	2.5	107
16	0.80	35	0.008	1.25	2.5	127
17	0.80	40	0.016	0.25	5.0	127
18	0.80	45	0.036	0.50	10.0	127
19	0.80	50	0.072	0.75	0.5	107
20	0.80	60	0.004	1.00	1.0	73
21	0.85	35	0.036	0.75	1.0	152

续表

序号	h_0/m	α/(°)	V_s/m³	h_{0c}/m	D_{50}/cm	L_w/cm
22	0.85	40	0.072	1.00	2.5	152
23	0.85	45	0.004	1.50	5.0	107
24	0.85	50	0.036	0.25	10.0	84
25	0.85	60	0.016	0.50	0.5	84

注：V_s 为滑动颗粒体的体积；D_{50} 为平均颗粒体粒径；α 为滑面坡角；h_{0c} 为滑块的初始位置；h_0 为水槽静水水深；L_w 为
　　WG01 的位置，根据在 WG01 和容器边缘之间的距离来确定。

试验在宽 5.5 m、深 1.2 m，长 24.5 m 的水池中进行，试验模型与原型的比例尺为
1∶200。有两块角度可调节的斜坡，范围为 35°～75°。其中一块用来滑块下滑，另一
块用来观测传播涌浪的爬高（图 3.2）。滑块速度由速度计记录，其中表面摩擦系数计
算在内。

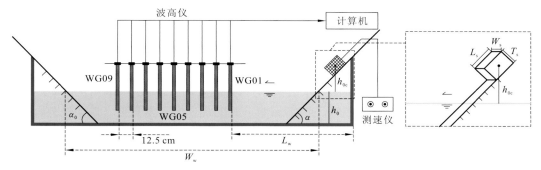

图 3.2　对于陆上滑坡产生的波试验装置示意图

W_w 为水面宽度

两组试验独立进行，试验参数搭配采用正交设计。正交设计可以将具有不同因素的
样本平均分布，使每一组试验都具有代表性。正交试验通常用更少的时间完成试验目的。

静止水面设置为不同的值，这些值在表 3.2 和表 3.3 中。分布在水槽中心轴上九个
点的波高仪可以记录波高变化。所有的波高仪都是电容式波高仪（由长江水利委员会长
江科学院生产），波高仪的精度为 0.5 mm，反应时间为 2 ms。波高仪之间的距离设定为
12.5 cm。为了记录最大涌浪高度，每组试验进行两次。第二次试验中，WG01 的位置
调整到第一次试验中最大涌浪产生的位置。WG01 的位置见表 3.2 中 L_w 一栏。三个
100 帧/s 的数码相机放置在水池旁边来记录涌浪，从而进行后期处理。

试验中的主要参数都列在表 3.2 和表 3.3 中。尤其是对刚性滑体试验，使用了包括
滑体几何特征（长度、宽度、厚度）、滑面坡角、滑块初始位置、静止水深及对岸坡角
等参数。刚性块体试验中，每一个参数都有七个不同的值。例如，一组试验中，静止水
深分别设置了 0.45 m、0.55 m、0.65 m、0.70 m、0.75 m、0.80 m 及 0.85 m 七个值（表
3.2）。在某一组试验中，静止水深是这七个值中的某一个值。

颗粒体试验中使用五个参数：滑动颗粒体的体积、平均颗粒体粒径、滑面坡角、静止水深及滑块初始位置。在这组试验中，对岸坡角设置为 45°。试验中，每一个参数有五个不同的值。例如，滑动面倾角分别设置为 35°、40°、45°、50° 及 60°（表 3.3）。其中某一组试验，参数值是这五个值中的一个。颗粒体试验中，滑体被设置在一个与刚性滑体试验中相似的长方形盒子中。使用相同的初始几何结构可以比较刚性滑体和颗粒体试验结果。因为颗粒物质之间没有黏聚力，所以在释放滑体之后，形状完全被破坏并且在水体中分散。

测量数据可以分为滑坡动力数据和水体动力数据两大类。在滑坡动力数据方面，滑体中心的位置及时间是由速度计测量的。速度-时间曲线由速度计采集绘制，采集的速度是滑体的运动速度。在水动力方面，由照相机记录的水面波动及位于距离滑动区不同距离的波高仪来计算。数据展示了滑坡涌浪的基本特征，包括涌浪在对岸的爬高历史。为了更好地理解试验结果，下面的试验数据根据重力相似准则由模型值转化而来。当几何比为 1∶200 时，时间比为 1∶$\sqrt{200}$，速度比为 1∶$\sqrt{200}$，密度比为 1，其他的物理量比值可以用类似的方法推断得出。

3.1.2 物理试验中滑坡涌浪特征

刚性滑体试验中的滑块呈现出相同的动力学特征。滑坡速度从启动到接触水面而达到最大值时几乎呈线性增长，重心入水后滑体开始减速并且逐渐在水下停止运动。考虑到空气-液体-固体之间的相互作用，在 $t = t_0$ 附近时的加速度非常重要，并且此时的速度值变化很快（t_0 时刻是崩滑体冲入水体的时刻）。当滑体开始滑动时，加速度缓慢增加。当滑体接触到水面并沿着斜坡在水下滑动时，急剧减速。随着滑块在水下滑动，其加速度非常小且缓慢减小。从接触水面开始，加速度减小的形态看起来像是对数函数。

图 3.3 展示出了 9 号刚性滑块试验的滑块速度时程的例子。滑块在 t_0 时刻滑入水，在 t_0 时刻以前，滑块速度持续增加。在 t_0 时刻，速度达到最大。在 t_0 时刻之后，滑块的速度不断地下降到 0。图 3.4 展示出了 9 号滑块加速度的示例，其中正值表示加速，负值表示减速。t_0 时刻之前，加速度为正值，平缓地波动。在 t_0 时刻，加速度变为负值，并伴随着剧烈的波动，最后下降到 0。在 9 号刚性滑块试验中，t_0 是 32.8 s。

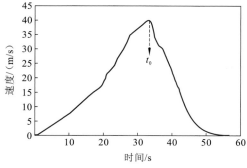

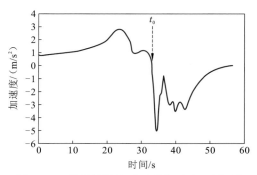

图 3.3　9 号刚性滑块测试速度-时间关系图　　　图 3.4　9 号刚性滑块试验的加速度-时间图

在近似线性加速度阶段，块体沿斜坡滑动，空气阻力可忽略不计。力平衡方程如下：

$$mg\sin\alpha + f = ma_a \tag{3.1}$$

$$f = -\mu mg\cos\alpha \tag{3.2}$$

式中：f 为斜坡上的摩擦力；α 为滑面坡角；m 为滑块质量；a_a 为滑块的加速度；μ 为摩擦系数；g 为重力加速度。

利用式（3.1）和式（3.2）得出的摩擦系数为 0.43～0.47。

在 t_0 时刻，滑体携带空气冲击水体和空气阻力是不可忽略的。因此，力的平衡方程很难描述。当块体完全进入水中后，因为受到浮力、重力和综合阻力（f_g）（包括水下摩擦和水阻力）的影响，所以力的平衡式由式（3.1）可以写为

$$(mg - \rho V_s g)\sin\alpha + f_g = ma_a \tag{3.3}$$

式中：ρ 为水的密度；V_s 为滑块的体积；f_g 为综合阻力。

利用式（3.3）得出综合阻力加速度为 -6.63～-3.33 m/s^2。

通过数码相机可以观察到波在空间和时间上的演变，并研究波振幅随时间变化的历史。试验结果表明，在所有试验中波浪的一般形态是相同的，但振幅和周期是有变化的。在这些试验中，由块体和颗粒体产生的涌浪可以分为三个阶段：水舌/第一列波—波谷（水坑）—第二列波/传播。波浪振幅随时间变化，是以正振幅（波峰）为主的波浪。波列中的第一波峰或第二波峰具有最大振幅，然后是振幅较小的波浪。最大波谷发生在两个高的波峰之间。结合照片和波浪仪资料，以 27 号刚性滑块试验和 19 号颗粒体试验为例，呈现了滑坡涌浪的形成阶段和波列。

由刚性滑块产生涌浪的三个阶段详细介绍如下。

在第一阶段，滑块迅速进入水体，滑块的前缘撞击并推动水体，形成第一冲击波和水舌。图 3.5（a）是 27 号刚性滑块试验产生的水舌照片。上部水舌呈抛物线向对岸方向飞去，溅落在水面或对岸，而下部冲击波迅速传播。因为滑坡在这段时间内才开始向水体传递能量，涌浪波的能量还较低，所以在传播过程中，波幅迅速减小。图 3.6 显示，在 27 号刚性滑块试验中，涌浪波通过 WG01 点和 WG09 点之间用时 5 s，同时波幅衰减从 26.20 m 到 2 m，衰减速度为 4.88 m/s。

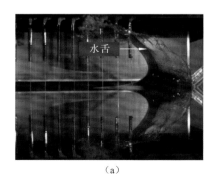
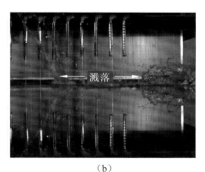

（a）　　　　　　　　　　　　　　　　（b）

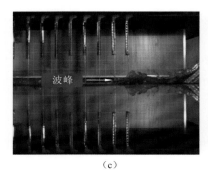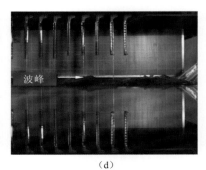

（c） （d）

图 3.5 27 号刚性滑块试验的滑坡涌浪三个阶段

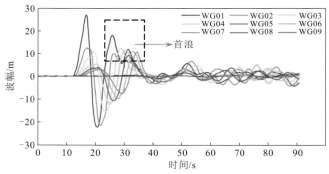

图 3.6 27 号刚性滑块试验波幅过程线

在第二阶段，滑坡体滑入水体中并持续地将能量传递给水体，占据水体的位置。这使水面的一部分水体快速上升，一部分下降。水体在滑坡体的尾部形成一个空腔。由于空腔内外的压力梯度很大，空腔外部的水体迅速流入空腔内部。同时，冲击形成的水舌开始落入水中，形成溅落[图 3.5（b）]。

在第三阶段，滑坡完全停止运动并且完成能量传递。水体在获得了由滑坡体的能量转换成的动能后形成第二次涌浪[图 3.5（c）]。试验中可以看到，涌浪在向前传播的过程中接受并积累首浪剩余的能量，然后涌浪的高度迅速达到最大值[图 3.5（d）]。在 27 号刚性滑块试验中，涌浪从 WG01 到 WG09 共花费了 10 s，涌浪波幅以 0.92 m/s 的衰减速率从 17.7 m 衰减到 8.5 m（图 3.6）。这次的能量比第一次的能量要大，衰减速率要小于第一次涌浪传播到对岸时的衰减速率。从破坏能力方面来看，第二次的涌浪要比第一次的更加严重和重要。因此，将第二次的涌浪定义为首浪，并且它的最大高度被定义为最大涌浪高度。

图 3.6 显示了 27 号刚性滑块试验中形成的涌浪波列，WG01～WG09 是沿滑动方向布置的。黑色虚线框显示第二列波为首浪，该波具有大的波高和较弱的衰减率。

颗粒体产生涌浪波的特征与刚性块体产生涌浪波的特征大致相同，差异主要存在于第一阶段。在第一阶段，颗粒体的变形发生在滑动过程中，颗粒体前缘在滑入水面之前趋于流线型。当它进入水中时，因为前缘的表面比刚性块体的表面更小、更平滑，所以第一个涌浪波的振幅比刚性滑块产生的波的振幅要低，水舌也没有获得较大的能量（图 3.7）。第一个波和第二个波的振幅衰减速率都比较小，但第二个波的振幅比第一个大一点。一般来说，颗粒体试验中的第二个波峰大于第一个波峰，其衰减速率较低。因此，第二个波可被认为是首浪，其最大振幅被认为是最大波振幅。

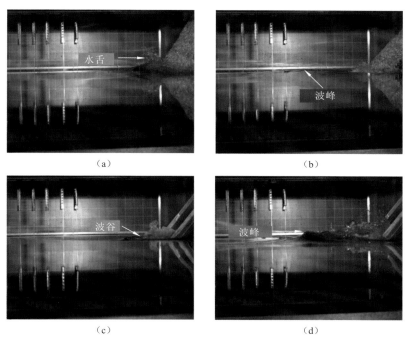

图 3.7　19 号颗粒体试验的滑坡三阶段

图 3.8 显示了 19 号颗粒体试验中的涌浪波。WG01 到 WG09 沿滑动方向布置。黑色虚线框中表示首浪，该波具有较大的波高和较低的衰减率。

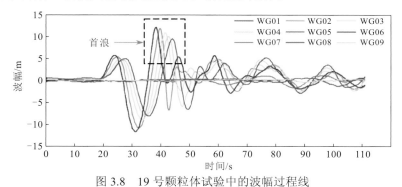

图 3.8　19 号颗粒体试验中的波幅过程线

波浪爬高值也是一个重要参数，因为在实际情况下人们首先关注的是波浪爬高。应急管理、沿岸设施和有沿岸资产的人需要特别地关注波浪爬高/降低值和爬坡淹没时间（Langford et al.，2006）。在 100 帧/s 的高速数码相机帮助下，垂直测量了从原始静止水位到波浪爬高的高度。

图 3.9 和图 3.10 的刚性滑块与颗粒体试验展示了波浪爬高历程的典型例子。这些历程线的关键特征是较大的水位下降后，水位会大幅上升，然后又缓慢地振荡回到静止水位。刚性滑块波浪爬高曲线与颗粒体波浪爬高曲线之间存在一些差异。从图 3.9 中可以看到，波浪爬高在刚性滑块试验中波浪爬高历程曲线上呈单峰形式衰减，而从图 3.10 中可以看到，波浪爬高在颗粒体试验中波浪爬高历程曲线上以明显的双峰或鞍形形式衰减。这种差异可能与两种试验产生波的衰减率及能量传递和守恒有关。如上所说，块体试验的第一列波衰减比第二列波衰减大，而两波振幅差别不大。因此，在第一列波浪和第二列波浪传播到对岸时，第一列波变得小于第二列波。但在颗粒体试验中，第一列波浪的波高和衰减速率较小，而第二列波浪的波高和衰减速率较大，当两列波传播到对岸时，其波浪的能量和爬高接近。图 3.9 中两条线分别有一个波浪爬高峰值。在图 3.10 中两条线分别有两个值接近、时间稍有间隔的较大波浪爬高峰值。

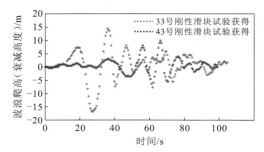

图 3.9　刚性滑块试验中波浪爬高历程曲线

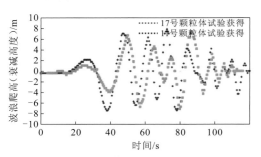

图 3.10　颗粒体试验中波浪爬高历程曲线

3.1.3　滑坡涌浪特征值数学表达

从两组物理试验获得的滑坡涌浪特征可知，岩体破坏模式在滑坡涌浪中起着关键的作用，强烈地影响着流体-固体的相互作用。目前仍然有一些人忽略了破坏模式，针对不同的失稳模式采用了相同的公式。这可能计算出令人误解的结果。为了真实且精确地预测预警，针对不同的失稳类型必须采取不同的涌浪计算方法。可以利用物理试验数据来推动相关公式，进而利用公式来预测滑坡涌浪波特性。

利用 100 帧/s 的数码相机和波高仪，对 49 个刚性滑块试验和 25 个颗粒体试验首浪的最大振幅进行测量，结果列于图 3.11～图 3.14 中。正如图 3.11 和图 3.12 中所示，刚性滑块是产生较大振幅的有效方式，刚性滑块将更多的能量传递到了水中。

对于刚性滑块破坏模式产生的滑坡涌浪，计算考虑的主要参数是滑块的宽度（W_s）、厚度（T_s）和体积（V_s），滑面坡角（α），滑块的起始位置（h_{0c}），入水速度（u），蓄水池中静止水深（h_0）与首浪最大波幅（a）。控制方程中主要无量纲变量的形式是类似于 Ataie-Ashtiani 等（2007）的形式。有四个无量纲变量用于公式推导：滑动弗劳德数（Fr）$Fr = u / \sqrt{gh_0}$，几何数 W_s/T_s 和 L_s/T_s，无量纲水深 T_s/h_0，速度 u 与 h_{0c} 和滑面坡角 α 相关。

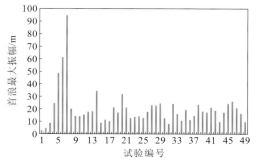

图 3.11　刚性滑块试验中首浪最大振幅图

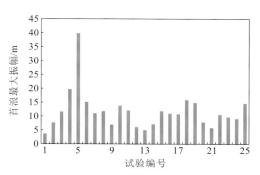

图 3.12　颗粒体试验中首浪最大振幅图

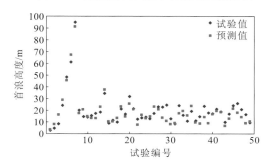

图 3.13　刚性滑块试验观测值与预测值的比较

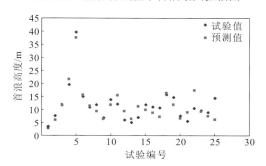

图 3.14　颗粒体试验观测值与预测值的比较

利用 49 组刚性滑块物理试验的数据，通过非线性回归分析，得到式（3.4）。在该方程中，μ 是滑块与滑动面之间的摩擦系数。图 3.13 显示了由式（3.4）预测的和试验观测的首浪特征值的比较。两者的相关系数（R^2）为 0.947，平均差值百分比为 3.8%。

$$\frac{a}{h_0} = 0.667 \left[\frac{h_{0c}(1 - \mu \cot \alpha)}{h_0} \right]^{0.334} \left(\frac{W_s}{T_s} \right)^{0.754} \left(\frac{L_s}{T_s} \right)^{0.506} \left(\frac{T_s}{h_0} \right)^{1.631} \tag{3.4}$$

对以颗粒体滑动为模型的滑坡涌浪，计算考虑的主要参数是平均粒径（D_{50}）、α、h_0、h_{0c} 和首浪最大波幅（a）。利用 25 组颗粒体试验的数据，通过非线性回归分析，得到式（3.5）。图 3.14 显示由式（3.5）预测首浪和试验观测首浪特征的比较情况。两者的相关系数（R^2）为 0.904，平均差值百分比为 34.6%。

$$\frac{a}{h_0} = 0.605 \left[\frac{h_{0c}(1 - \mu \cot \alpha)}{h_0} \right]^{0.408} \left(\frac{V_s}{h_0^3} \right)^{0.323} \left(\frac{D_{50}}{h_0} \right)^{0.246} \tag{3.5}$$

试验数据分析表明，滑坡涌浪的最大振幅受滑体的几何形状、滑块的初始位置 h_{0c} 和滑面坡角 α 等因素的影响最大。虽然主要参数的形式和控制方程不一致，但这一推导思想与 Ataie-Ashtiani 等（2008a）和 Mohammed 等（2013）基本一致。

对于颗粒体和刚性滑块试验，前人的研究中提出了一些试验方程。这里列出的方程是 Ataie-Ashtiani 等（2008a）和 Fritz 等（2004）提出的方程。

Ataie-Ashtiani 等（2008a）通过物理试验结果推导了式（3.6），用以预测刚性滑块滑动产生的首浪最大波幅 a。

$$\frac{a}{h_0} = [0.398 + 0.076(VFr^2)^{1.27}] \left(\frac{t_s}{V}\right)^{-0.26} \left(\frac{L_s}{T_s}\right)^{-0.125} \left(\frac{r}{h_0}\right)^{-0.48} \tag{3.6}$$

式中：a 为首浪最大波幅；无纲量滑体体积 $V = V_s / (W_s h_0^2)$；弗劳德数 $Fr = u / \sqrt{gh_0}$；t_s 为水下运动时间；V_s 为滑块体积；W_s 为滑块宽度；h_0 为静水水深；r 为河道半径距离。

使用式（3.6），预测了 49 组刚性滑块的涌浪结果，并将其与试验结果进行比较（图 3.15）。式（3.6）预测与实际试验结果的相关系数（R^2）为 0.62。

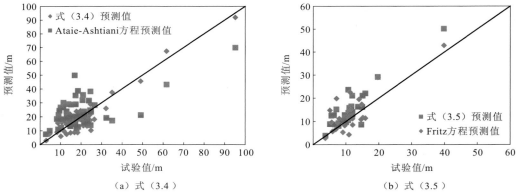

（a）式（3.4）　　　　　　　　　　　　　　（b）式（3.5）

图 3.15　预测方程的验证图

基于颗粒体滑动入水的大量试验，Fritz 等（2004）给出了式（3.7）来计算首浪最大振幅。

$$\frac{a}{h_0} = 0.25 \left(\frac{u_m}{\sqrt{gh_0}}\right)^{1.4} \left(\frac{T_s}{h_0}\right)^{0.8} \tag{3.7}$$

式中：a 为首浪最大波幅；u_m 为颗粒体整体最大冲击速度；h_0 为静止水深；T_s 为滑块厚度。

利用式（3.7），预测了 25 组颗粒体试验，并将其与物理试验结果进行比较。式（3.7）预测值与实际试验结果的相关系数（R^2）为 0.80。

对不同方程的比较表明，本书得出的方程能更好、更准确地反映试验结果。这并不意味着以前的研究是不准确的。不同的试验方程有不同的数据源和不同的初始条件，所以不同的方程有着不同的使用范围。本书收集了前人物理试验参数范围，如表 3.4 所示，它显示了不同预测方程的适用范围。

表 3.4　不同预测方程的适用范围

文献	滑块/颗粒体	水深/cm	坡角/（°）	弗劳德数
Fritz 等（2004）	颗粒体	30，45，67.5	45	1.0～4.8
Huber 等（1997）	颗粒体	12，18，27，36	28，30，35，40，45，60	0.531～3.686
Walder 等（2003）	滑块，1 种形状	5.1，9，13	11.2，15，19.5	1.0～4.1
Ataie-Ashtiani 等（2008a）	滑块，颗粒体，8 种形状	50，80	30，45，60	0.3～1.3
本书试验	滑块，颗粒体，49 种形状	45，55，65，70，75，80，85	30，35，40，45，50，60，65	0.36～2.29

3.2　深水区滑坡涌浪数值方法构建

目前，可以采用的水波数学模型包括有布西内斯克模型、NSWW 模型和潜势流模型。采用这些模型，国内外研究人员对大量历史滑坡涌浪实例进行了研究。基于水波动力学的数值软件还处于探索发展阶段，其针对性和适用范围还都不完善。

浅水波是指静止水深 h_0 相对波长 λ 很小时（一般取 $h < 1/20\lambda$）的波动，又称长波。以滑坡产生涌浪为例，涌浪的产生原理是滑体进入水体后，将能量传递给水体，引起水面波动，波长远大于水深，波浪依靠河道地形的变化而长距离传递。其传播速度与波长无关，仅取决于水深。其运动方程可由动量守恒[式（3.8）]和质量守恒[式（3.9）]的连续方程表达（薛艳 等，2010）：

$$\frac{\partial \boldsymbol{u}_{xy}}{\partial t} + (\boldsymbol{u}_{xy} \cdot \nabla)\boldsymbol{u}_{xy} = -g\nabla a_{\mathrm{h}} - \mu \frac{\boldsymbol{u}_{xy}\left|\boldsymbol{u}_{xy}\right|}{a_{\mathrm{h}} + h_0} \tag{3.8}$$

$$\frac{\partial(h_0 + a_{\mathrm{h}})}{\partial t} = -\nabla[(a_{\mathrm{h}} + h_0)\boldsymbol{u}_{xy}] \tag{3.9}$$

式中：$\boldsymbol{u}_{xy}$ 为水平速度向量，m/s；g 为重力加速度，m/s^2；a_{h} 为涌浪振幅，m；μ 为摩擦系数；h_0 为水深，m；$\nabla = (\partial/\partial x, \partial/\partial y)$ 为水平梯度。

在式（3.8）中左边表示局部的加速度和非线性平流项，右边则表示压力梯度和底部摩擦力。该模型广泛应用于海啸的预测预报中，TUNAMI 的基本原理就是利用有限差分法的非线性浅水波方程。

布西内斯克模型主要的理论基础是将流场的垂直方向分布以多项式级数形式近似表示。探讨波浪运动的各种理论中，含波浪变形的非线性和频散效益的布西内斯克方程考虑波浪的浅化、折射、非线性及分散性，与实际河道波浪运动现象吻合程度较高；有别于浅水波方程式因假设流场的垂直方向为均匀分布所忽略的分散效应。在 Nwogu 方法的基础上，Wei 等（1995）增加了非线性频散项，发展了新的布西内斯克方程。式（3.10）、式（3.11）为 Wei 等（1995）提出的全非线性布西内斯克方程。式（3.10）和式（3.11）分别是质量守恒与动量守恒方程。

$$\eta_t + \nabla \cdot \left((h_0 + \eta)\left\{ u_{\mathrm{a}} + [z_{\mathrm{a}} + 0.5(h_0 - \eta)]\nabla[\nabla \cdot (h_0 u_{\mathrm{a}})] + \left[0.5z_{\mathrm{a}}^2 - \frac{1}{6}\left(h_0^2 - h_0\eta + \eta^2\right) \right]\nabla(\nabla \cdot u_{\mathrm{a}}) \right\} \right) = 0 \tag{3.10}$$

$$u_{\mathrm{a}t} + (u_{\mathrm{a}} \cdot \nabla)u_{\mathrm{a}} + g\nabla\eta + z_{\mathrm{a}}\left\{ \frac{1}{2}z_{\mathrm{a}}\nabla(\nabla \cdot u_{\mathrm{a}t}) + \nabla[\nabla \cdot (h_0 u_{\mathrm{a}t})] \right\}$$
$$+ \nabla\left\{ \frac{1}{2}\left(z_{\mathrm{a}}^2 - \eta^2\right)(u_{\mathrm{a}} \cdot \nabla)(\nabla \cdot u_{\mathrm{a}}) + \frac{1}{2}\left[\nabla \cdot (h_0 u_{\mathrm{a}}) + \eta\nabla \cdot u_{\mathrm{a}}\right]^2 \right\}$$
$$+ \nabla\left\{ (z_{\mathrm{a}} - \eta)(u_{\mathrm{a}} \cdot \nabla)[\nabla \cdot (h_0 u_{\mathrm{a}})] - \eta\left[\frac{1}{2}\eta\nabla \cdot u_{\mathrm{a}t} + \nabla(h_0 u_{\mathrm{a}t}) \right] \right\} = 0 \tag{3.11}$$

式中：η 为水面高度，m；h_0 为静止水深，m；u_{a} 为水深 $z = z_{\mathrm{a}} = -0.531h_0$ 处的水平速度，

m/s；下标 t 为对时间的偏导数。

从波的类型上看，滑坡产生的涌浪波属于高度非线性的中长浅水波。布西内斯克方程和非线性浅水波（nonlinear shallow wave，NSW）方程均可计算该类型的涌浪波问题。NSW 方程不考虑垂直方向速度变化对流体的影响，在垂直方向上仅采用同一个水平速度，这造成在河床附近波浪的传播计算不准确。布西内斯克方程增加深度方向上的速度变化附加值，同时在完全非线性的长波方程中增加频散项，使布西内斯克方程计算结果在深度方向上更符合现实。这一差异造成布西内斯克方程较 NSW 方程更能胜任滑坡涌浪传播计算。另外，布西内斯克方程能模拟完全非线性的波浪。例如，Tappin 等（2008）以新几内亚岛 1998 年滑坡涌浪事件为例，分别建立了 MOST、TUNAMI-N2 和 FUNWAVE 的 NSW 方程，计算发现所有 NSW 方程都不能在水深低于 20 m 的浅水区计算传播浪，这直接导致高度非线性的海啸在距离海岸线约 2000 m 时就停止运动。而布西内斯克模型较好地再现了 Sissano Lagoon 海滩的高波幅短波长涌浪，而且很好地模拟了岸坡对波浪的作用。另外，布西内斯克方程计算后能捕捉到沿河岸传播的边缘波，边缘波是较独特的现象，它可能形成较大的爬高。大量的文献研究表明，滑坡涌浪计算采用布西内斯克方程更合适。

在四阶布西内斯克模型FUNWAVE基础上，利用ArcGIS、Visual Studio、.NET等编程工具，二次开发形成了库区崩塌滑坡涌浪灾害的快速评价系统软件FAST V2.0，软件中增加了深水区滑坡涌浪源。

滑坡涌浪一般包括三个阶段：形成、传播和淹没（爬高），浅水滑坡涌浪也不例外。这三个阶段对应着滑坡涌浪模拟的三个数值模型：涌浪源模型（Tsunami source modeling）、传播模型（propagation modeling）和淹没模型（inundation modeling）。利用初始滑坡涌浪的数学描述可以构建数值解析该类型涌浪源的模型。当涌浪源形成后，浅水波模型（shallow water equations model）或布西内斯克方程（Boussineq-type equations model）可用来数值解析涌浪的传播和爬高（Ataie-Ashtiani et al.，2011）。将涌浪源模型嵌入上述传播和淹没模型中，可构成完整的浅水滑坡涌浪数值模型。本书选择在程序FAST /Geowave （Watts et al.，2003；Grilli et al.，2002）模型中增加嵌入深水滑坡涌浪源模型。

FAST V2.0计算系统改进并融合了FUNWAVE / Geowave模型和GIS技术，形成了全面向对象的窗口界面，能够高效图像化和界面化地处理涌浪分析全过程，能够更直观地展示一维（1D）水质点、二维（2D）水面线、三维（3D）水体区域的水面高程情况，能够进行计算后各水质点最大波高或波幅的查看巡视。

此次更新的FAST V2.0相比FAST V1.0有了以下功能性改进：①对初始涌浪源内核进行了增加，增加了浅水区滑坡涌浪源，以符合山区水库支流或浅水区滑坡涌浪计算的实际运动情况。②将输入地形和遥感影像步骤化，可直接生成所需的地形网格离散数据。数据格式增加国内外工程通用的ASCII格式和DXF格式。③增加了三维图像自检环节，如出现地形孔洞，可自动插值修补，增强了可操作性的可持续性，极大地提高了效率。④增加了涌浪波及范围的自动切取功能，快速勾勒河道一定影响范围区域。⑤增加了一键报告功能，能够一键生成简单报告，并能通过邮箱、短信进行发送。

为了产生一个新的涌浪源，就需要建立一个新的波浪液面场，并将其作为初始状态提供给传播模型，用于模型计算。可以采用的初始涌浪计算公式有两个来源，一个是美国地质调查局和美国应用流体工程公司通过因次分析与物理相似试验分析得到的。他们做了初速度为0和有初速度的滑块滑入水槽试验，同时引入了Huber等（1997）和Kamphuis等（1970）所做的刚性体和散粒体入水试验结果，所用试验结果组次超过1 100次，然后进行初始涌浪源公式分析推导。他们的分析结果对陆地上散粒体和刚性体沿库岸线下滑入水的滑坡与崩塌涌浪分析具有很强的借鉴性。大量涉水库岸崩滑体造成涌浪的初始条件与Walder等（2003）、Huber等（1997）和Kamphuis等（1970）进行的滑坡崩塌物理试验条件有很多相同之处，因此可以采用他们的分析结果来建立初始涌浪源（Applied Fluids Engineering Inc. et al.，2008）。他们分析确定的涌浪源波高公式见式（3.12），波长公式为式（3.13），初始涌浪的位置为式（3.14）。

$$a_{\eta} = 1.32 \left(\frac{t_s \sqrt{g/h_0}}{V_s/h_0^2} \right)^{-0.68} \tag{3.12}$$

$$\lambda = 0.27 t_s \sqrt{g h_0} \tag{3.13}$$

$$X_{min} = \lambda + S_0 \tag{3.14}$$

式中：a_{η} 为初始特征波高，m；λ 为波长，m；V_s 为滑体体积，m³；t_s 为滑体水下运动时间，s；h_0 为静止水深，m；X_{min} 为波峰位置；S_0 为滑坡停止位置。

另外一个是 3.1 节通过大量物理试验所得到的两组计算初始涌浪波幅的公式。其初始涌浪波幅的控制方程为

$$\frac{a}{h_0} = 0.667 \left[\frac{h_{0c}(1-\mu \cot \alpha)}{h_0} \right]^{0.334} \left(\frac{W_s}{T_s} \right)^{0.754} \left(\frac{L_s}{T_s} \right)^{0.506} \left(\frac{T_s}{h_0} \right)^{1.631} \tag{3.15}$$

$$\frac{a}{h_0} = 0.605 \left[\frac{h_{0c}(1-\mu \cot \alpha)}{h_0} \right]^{0.408} \left(\frac{V_s}{h_0^3} \right)^{0.323} \left(\frac{D_{50}}{h_0} \right)^{0.246} \tag{3.16}$$

式中：u 为入水速度；W_s 为崩滑体宽度；T_s 为崩滑体宽度；L_s 为崩滑体长度；h_0 为静止水深；a 为首浪最大波幅；V_s 为滑体体积；D_{50} 为散体粒径，α 为滑面坡角；h_{0c} 为滑体的起始位置。

三维的数值初始涌浪波场可通过由滑坡的宽度、滑坡位置和河道地形控制的拓展函数进行重建，形成一个圆锥状的三维初始涌浪波场（Watts et al.，2003；Walder et al.，2003）。

3.3　案例分析及数值模型有效性验证

采用龚家方滑坡涌浪案例进行数值模型的有效性检验，通过大型缩尺物理试验所得到的不同河道位置的水波过程和波高来对比数值模型相应位置的水波过程与波高，检验数值模型的有效性和准确性。

3.3.1 龚家方滑坡涌浪水波动力学数值计算分析

龚家方滑坡涌浪数值模拟的计算区域长 23 km，宽 10.4 km，利用 24 m×24 m 的网格划分为 958 列、435 行。每时步为 0.197 s，本次工作计算了 8 000 时步，即模拟涌浪传播时间为 1 600 s。计算输入参数见表 3.5，将这些参数输入模型，经过计算得到龚家方滑坡涌浪近场特征值。

表 3.5　龚家方滑坡涌浪源输入输出参数

输入参数		输出参数	
质心停止高程/m	125	滑坡平均加速度/（m/s²）	−0.76
崩滑体体积/m³	380 000	波长/m	88.7
入水速度/（m/s）	11.65	弗劳德数	0.54
水下运动距离/m	89	特征波幅/m	1
水下运动时间/s	15.3	x 方向速度/（m/s）	−1.53
滑坡宽度/m	194	y 方向速度/（m/s）	−4.22

图 3.16 展示了 23 km 长计算域内在 1 600 s 内河道各区域最大波高。从图 3.16 可见，涌浪值的分布极不均匀，越靠近滑坡扰动区越复杂。总体来看，在扰动区附近 1 km 河段最为复杂，是高涌浪区。2 km 河段内涌浪在 2～3 m。在沟谷内和地形急剧变窄区域，涌浪高度明显提高，出现放大效应，比较明显的例子是在青石上游的峡谷河段变窄，河段内重新出现 1～0.5 m 的涌浪。河道由窄突然变宽的峡口区域，涌浪也显现快速衰减的现象，较明显的案例是在巫山县城附近河道交汇处，河段断面变大，1.0～0.5 m 涌浪分布长度明显小于下游的分布长度。

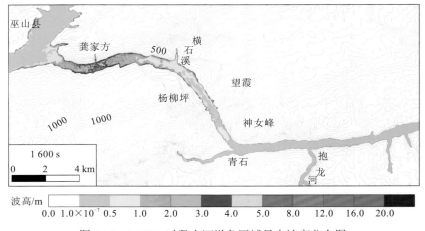

图 3.16　1 600 s 时段内河道各区域最大波高分布图

通过涌浪最大波高图和剖面图（图 3.16、图 3.17）可知，在主航道上（横剖面方向），涌浪可分为急剧衰减区和平缓衰减区。急剧衰减区呈指数函数形式下降规律，平均 100 m 内涌浪下降高度为 9.5 m。该急剧衰减区约有 1 000 m 长（滑坡上下游各 500 m），是涌浪危害航道的重点区域，一般是滑坡涌浪激发地的附近水域。在距离水体扰动区 500 m 后，是平缓衰减区，它近似满足缓斜线形式下降规律，平均 100 m 内涌浪下降高度为 0.1 m。在远离扰动区 5 km 后，是极平缓衰减区，平均 1 000 m 内下降高度为 0.1 m。由于水波的折射、反射和叠加作用，沿程河道中的波高并非呈简单单一下降趋势，而是一个复杂的波动衰减过程。因此，平缓衰减区的浪高一般为起伏形下降，该区域是滑坡涌浪危害的拓展区域，长度非常长。龚家方滑坡涌浪在 12 km 以外的青石附近还有 0.5～1.0 m 的涌浪存在。

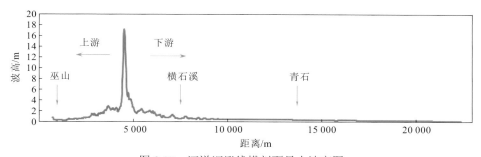

图 3.17　河道深泓线横剖面最大波高图

从图 3.18 可以看出，靠近河岸的水体其最大流速方向均与岸线垂直，方向不一，说明河道内岸线水体最大流速有的为爬坡时形成，有的为退水或折射时形成。通过这个最大流速矢量图可以看到涌浪造成河流表面流动十分复杂，对航运极具危害性。同时，远离滑坡 12 km 外的青石下游，大流速的地方多处于支流内。这是因为支流内地形狭窄，有利于动能收敛汇聚。

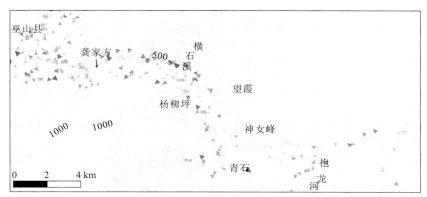

图 3.18　计算河段最大流速矢量图

从计算观测点的水位过程线（图 3.19）来看，水质点最大水位也呈指数形式下降。最开始的质点运动形式为波幅大、周期短（约 12 s）的复合波形；过渡为波幅较大、周期较长（约 30 s）的复合波形；最终演变为波幅小、周期长（约 35 s）的简单波形。它基本代表了河道中所有水质点经过的波浪运动全过程：波的形成—波的叠加与衰减—逐渐平静。

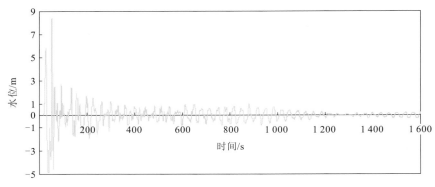

图 3.19　计算观测点（龚家方河段附近质点）水位过程线图

3.3.2　大型缩尺物理试验设置

本书按重力相似准则制作正态龚家方滑坡涌浪大型物理模型，模型比例尺为 1:200。根据重力相似准则，几何比例尺为 1:200 时，时间比例尺为 $1:\sqrt{200}$，速度比例尺为 $1:\sqrt{200}$，密度（重度）比例尺为 1，其他物理量比例尺可进行类推。模型河道长度取崩滑体上游约 4.0 km 河道，下游约 0.8 km 河道，总长约 4.8 km，模型长度为 24 m，地形高程范围为 30～220 m，模型底部预留 0.2 m 沙层，上部预留安全超高 0.1 m，模型高度设计为 1.3 m，考虑高程 220 m 河谷宽度及工作面，设计模型宽度为 8 m（图 3.20）。河道地形采用等高线方法制作，每间隔 10 m 制作一根等高线，利用水泥砂浆抹面。崩滑体下滑试验段水下部分岸坡倾角取龚家方滑坡水下段的平均值 54°。

图 3.20　河道模型及试验设备

根据崩滑体失稳后近等腰梯形的尺寸，按照 1:200 的比例尺将崩滑体制作为上底 0.225 m、下底 0.970 m、高 1.050 m、厚度 0.075 m 的等腰梯形模型。龚家方斜坡岩体为碎裂结构，破坏入水时是以小块石碎屑流的形式入水的。本次模型采用碎石散粒体来模拟斜坡碎裂岩体。按照碎石块粒度的统计，80%的碎石粒度在 25 cm 内，因此将 25 cm 作为模拟的碎石主要参考粒度。按 1∶200 的比例尺，相似材料主要粒度为 1.25 mm。经多种材质、粒径的材料比选，最后选定粒径相当的大理石为崩滑体模拟材料。对其进行筛分试验（图 3.21），颗粒组成为粗砂（粒径 0.5～2.0 mm）占 99.1%，中砂（粒径<0.5 mm）占 0.9%，80%以上粒度在 1.5 mm 以内，基本符合相似原则。

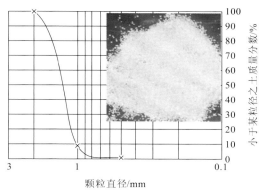

图 3.21　崩滑体相似材料及其颗分曲线

试验中采用先进的滑动控制设备实现滑块入水的滑动过程。该设备可前后移动、升降及角度变化，滑道最大承重 300 kg，电机牵引滑体。滑动控制设备通过液压系统控制滑动面倾角及位置（图 3.22）。静止水位采用水位测针量测。

图 3.22　滑动控制设备实物图

在崩滑体倾倒方向上布置 6 个波高监测点，编号依次为 1#～6#，间距为 12 cm（模型值），主要用于捕捉首浪高度，其量测精度较高，量测误差为±0.2 mm（模型值）。在崩滑体的上游 1 m（模型值）处设置网格分辨率为 5 mm 的高程背景板，下游挡墙可视窗处安装高速摄影机（采集速度为 500 帧/s），记录涌浪产生过程。

在崩滑体对岸宽度 400 m、高程 140～200 m 范围内每间隔 2 m 绘制等高线，滑动控制设备下游 1 m 处安装摄影机，记录对岸涌浪爬坡过程。

考虑河道平面形态与断面形态的变化对波浪传播的影响，在崩滑体上游沿河道深泓线布置 9 支波高仪，编号为 7#～15#，定义崩塌发生处桩号为 0+000 m，则其桩号依次为 0-287 m、0-572 m、0-838 m、0-1 144 m、0-1 496 m、0-1 797 m、0-2 135 m、0-2 628 m、0-3 164 m。详细布置见图 3.23，通过这些波高仪记录沿程涌浪传播过程。

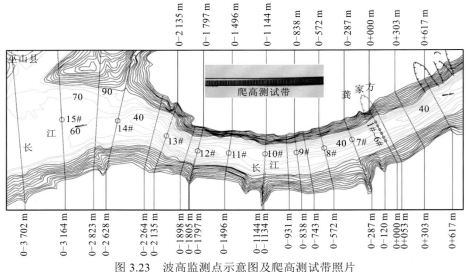

图 3.23　波高监测点示意图及爬高测试带照片

河道两岸分别布置 15 个涌浪爬高监测断面，其桩号依次为 0 + 617 m、0 + 303 m、0-120 m、0-287 m、0-572 m、0-838 m、0-1 134 m、0-1 144 m、0-1 496 m、0-1 797 m、0-1 805 m、0-2 135 m、0-2 628 m、0-3 164 m、0-3 702 m。这些断面既有山脊，又有冲沟。在测试断面两岸粘贴分辨率为 0.5 mm 的爬高测试带（图 3.23），利用爬高测试带、水准尺及水准仪量测涌浪两岸沿程爬高。

3.3.3　物理试验结果与数值试验结果对比

1#～6#波高仪测点的水位波动过程线记录了 172.8 m 水位下物理试验和数值模拟中滑坡涌浪的产生过程。从图 3.24 中单个波高仪水位过程线来看，物理试验和数值模拟的水位过程线均存在两个较大的起始涌浪。这两列波后，波浪都开始出现了叠加。1#～6#的两列大波后紧跟着的波浪呈波群形态，且为大振幅波叠加小振幅波，表现为大轮廓的波浪形态中有小振幅的摄动。这一现象说明两列大波后，形成区内即开始出现水波叠加，说明河道内此时已有反射波开始作用，波的叠加碰撞消耗了波的能量，这也能解释为什么河道涌浪形成区内涌浪衰减率较大。在物理试验和数值模拟中，这一时间节点均发生在 30 s 左右，约 1.5 个波周期。在约 100 s 后，由于反射波增多，初始波能量下降，两者能量逐渐变得相当，形成区内的水质点的波形与之前波形也出现质的变化。与初始波相比，波形变得不规则，频率变大，振幅变小，数值模拟与物理试验均反映了这一点。数值模拟提取的数据为计算单元的中心点，因此并不能真正提取任意点的数据，提取的数据位置存在误差（实际提取 1#～6#数据的方向为 155°）。100 s 后，数值模拟与物理模拟的过程线吻合程度降低，波的各种参数累计误差变大，但波形的相似性仍存在。这也直接导致最远端的 6#测点数值模拟与物理试验的位置差距过大，两者水位波动过程线有一定差异。

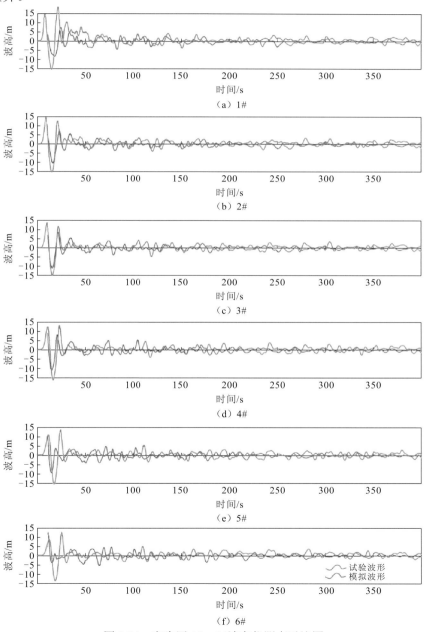

图 3.24　产生区 1#～6#波高仪测点对比图

从图 3.24 纵向上来看，两方法展示的涌浪波在空间上的运动也具有一致性。随着距离扰动点长度的变大，涌浪波的启动时间都发生延后。除 6#测点外，数值模拟和物理试验中其他测点的波形基本沿袭了上一个测点的一些波浪特征，这反映了波浪空间运动的延续性。

7#～15#波高测点沿龚家方上游分布，基本能代表波浪在河道传播区的作用全过程。从图 3.25 中的单个波高测点来看，数值模拟与物理试验所得的水位波高过程线吻合程度很好。与产生区水位过程线变化机理类似，随着时间的推移，波形由简单波形变成波群，然后转变为高频率、低振幅的不规则波形。

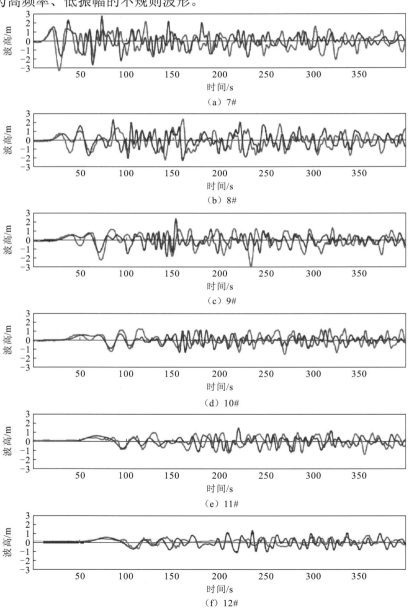

（a）7#

（b）8#

（c）9#

（d）10#

（e）11#

（f）12#

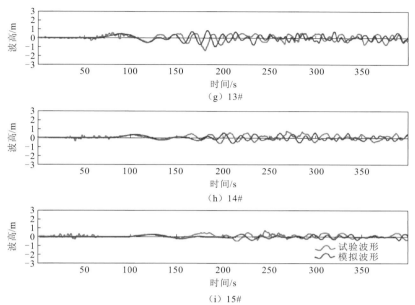

(g) 13#

(h) 14#

试验波形
模拟波形

(i) 15#

图 3.25 传播区 7#～15#波高测点水位波高过程线对比图

从 7#～15#各水位过程线纵向上来看,与物理试验的结果一样,数值模拟的波浪也同样再现了两列大波的追逐与叠加过程。数值模拟中波的叠加完成,出现在 11#或 12#波高测试点附近,与物理试验波浪首次叠加区域一致。从 7#～15#波高测点的过程线看,空间上首浪波高靠近涌浪扰动点的周期短,远离扰动点的周期长,再现了物理试验中涌浪波推移传播的这一特殊现象。

通过数值模拟数据的反复查看,传播区形成的两列波并不是产生区的那两列波。产生区的第一列大波冲上对岸,波浪分为三个大的部分:一部分经岸坡反射转向上游,一部分经岸坡反射转向下游,一部分经岸坡反射回产生区。前两部分分别形成了上下游传播区的第一列波。第三部分的波浪回流,由于方向与崩滑体入水后的第二次大波运动方向相反,在产生区河道内出现严重碰撞叠加。本次波浪的碰撞叠加形成了传播区的第二列大波。这一现象与实际在物理试验过程中观察的现象一致。

1#～15#波高测点的水位过程线对比分析从细观上反映了波浪的作用机理。下面从波高值和爬高值来宏观定量对比分析物理试验与数值模拟得到的结果值。

从长江深泓线的最大波高值对比图(图 3.26)可见,传播区 7#～15#物理试验测定与数值模拟中各点最大爬高值非常接近,值相差不到 10%。统计数值模拟得到的各桩号爬高值和物理试验结果(图 3.27)发现,数值模拟得到的爬高规律与物理试验中的爬高规律一致,即波浪在冲沟负地形有放大效应。对数据的相关性分析表明,两者对岸爬高值的相关性系数为 0.78,两者本岸爬高值的相关性系数为 0.88,吻合性较好。爬高误差最大的区域为产生区对岸,相差约 40%。其他区域值相差为 10%左右。

从数值模拟最大波高图(图 3.28)上来看,河道内最大波高为 19.6m。物理试验中各波高测点中最大波高为 17.7m,与数值模拟的最大波高较为相近。

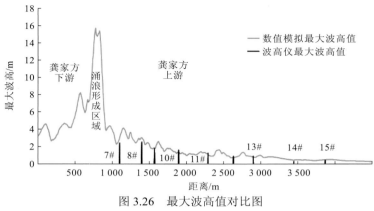

图 3.26　最大波高值对比图

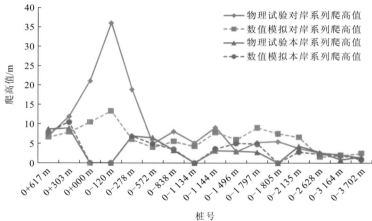

图 3.27　爬高值对比图

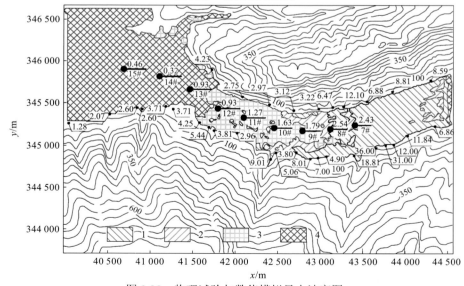

图 3.28　物理试验与数值模拟最大波高图

1 为红色预警区；2 为橙色预警区；3 为黄色预警区；4 为蓝色预警区

总之，数值模拟的波浪作用机理与物理试验中的波浪过程基本相同，预测结果数值与物理试验接近，非常有利于滑坡涌浪灾害计算分析。

3.4　深水区滑坡涌浪模型预测应用实例

2015 年 6 月 24 日 18 时左右，三峡库区巫山县城对岸的红岩子发生滑坡。$23×10^4 m^3$ 的滑坡产生涌浪，袭击了巫山县城沿河区域。最大涌浪高度为 6 m，造成 13 艘船翻沉，2 人死亡，4 人受伤。

2003 年 6 月以来，发生过几起滑坡涌浪袭击乡镇的事件。例如，2003 年 7 月 14 日发生的千将坪滑坡正对着沙镇溪镇，形成的涌浪造成 22 艘船只翻沉，11 人失踪（Yin et al.，2015b；Wang et al.，2008，2004）。2008 年 11 月 5 日，三峡库区秭归县泥儿湾滑坡滑动造成小型涌浪，危及对岸的水田坝乡（田正国等，2012）。

在应急调查的基础上，本节对红岩子滑坡的三个主要方面进行了研究：①红岩子滑坡的地质背景和工程地质特征；②红岩子滑坡的变形破坏过程和诱发因素；③利用 FAST/Geowave 再现了红岩子滑坡涌浪灾害过程，分析了当地地貌条件对涌浪灾害的控制作用，最重要的是对旁侧变形区的涌浪灾害进行了预测。基于这些方面，本书将提供红岩子变形-滑坡-涌浪的全过程描述，本书成果为该滑坡的风险管控提供了直接的科学支撑。

3.4.1　地质背景和滑坡概况

红岩子滑坡位于我国三峡库区巫山县城对岸，大宁河东岸，距离长江河口仅 500 m。该区域属于低山丘陵-高山峡谷的过渡地貌，最高点斜坡顶高程为 449.2 m，大宁河河谷高程约为 92 m。构造上该区域位于巫山向斜的南东翼。红岩子一带斜坡为单斜地貌，走向 NE，倾向为 310°～315°，平均坡度为 30°～40°。大宁河在此区域流入长江，河口处河谷开阔，最宽处约 1.3 km，最窄处约 0.88 km。图 3.29（b）描述了斜坡区域出露的地层。

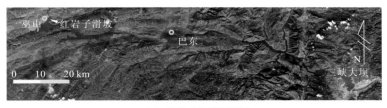

（a）红岩子滑坡位置图

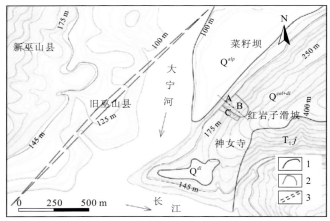

（b）红岩子滑坡区域地质图　　　　　　　　　　　　（c）红岩子斜坡

1为地质界线；2为滑坡界线；3为巫山向斜轴线　　　　　（2006年6月拍摄，水位为135 m左右）

图3.29　红岩子滑坡位置图和区域地质图

残坡积粉质黏土（Q_4^{el+dl}）：紫红色，硬-可塑状，黏性较好，夹灰岩、白云质灰岩碎块石，碎块石含量为10%～30%，主要分布于江东嘴斜坡顶部，该段土层厚度为5～10 m。

崩坡积层（Q_4^{col+dl}）：主要为含碎块石粉质黏土及碎块石土，表层较松散，下部较密实。碎石成分为灰岩、泥灰岩，碎块石含量为30%～80%，粒径为3～20 cm，最大粒径超过1 m，细粒物质为黄色粉质黏土。该堆积物广泛分布于单斜斜坡表层。

冲洪积层（Q_3^{alp}）：一般为5～10 m，主要分布于大宁河河漫滩等部位，高程在125 m以下。冲沟及沟口主要为漂石、卵砾石。漫滩、阶地则以淤泥质粉质黏土、砂壤土为主，见少量粉细砂。现在分布于水下。

下三叠统嘉陵江组（T_1j）：岩性以浅灰色微晶-细晶灰岩为主，中厚层、块状结构。底部见有浅灰色薄层白云质灰岩，上部为灰色白云质灰岩及灰岩、角砾状灰岩。该层为斜坡区内下伏和出露的主要岩石地层，产状为320°∠35°。

红岩子斜坡两侧均以冲沟为界，在微地貌上为一微凸的斜坡。该斜坡的平均坡度为34°，斜坡上没有居民屋，两侧外围上均为居民集聚区。红岩子斜坡的坡向为310°，为顺向岸坡。斜坡上堆积第四系崩坡积物。未蓄水前，该斜坡坡脚是大宁河的河漫滩，河漫滩非常宽阔平坦，高程在100～125 m（图3.29）。2015年6月24日18时左右红岩子滑坡发生。滑坡平面呈舌形，纵长约为180 m，横宽约为130 m，平面分布面积约为2×10^4 m²，滑体体积约为23×10^4 m²，主滑方向为310°，为中型土质滑坡。滑坡后缘以滑坡壁为界，呈弧形，高程约为275 m。前缘以陡缓交接面为剪出口，高程约为130 m。左右侧边界以滑坡坎为界，滑塌区因发生整体滑动，微地貌呈"U"形槽状地貌（图3.30）。滑坡当日，三峡水库水位为145.3 m，该段斜坡坡脚附近的水深为25 m左右，相对大宁河主航道和长江河道浅很多。图3.30是2015年6月25日采用八旋翼遥控飞行器拍摄的照片，它展现了滑坡的全景。同时，航片清晰地反映了滑坡两侧斜坡消落带局部出露的基岩。对比图3.29（c）可知，这些基岩原先是被黏土所覆盖的，波动的库水把这些土体冲刷侵蚀了。同时显示滑坡体中基岩埋深大于两侧斜坡的基岩埋深，即红岩子斜坡土体厚度大于两侧斜坡的土体厚度。

图 3.30　滑坡全景照片（拍摄于巫山县城 2015 年 6 月 25 日）

　　2015 年 6 月 25 日中国地质调查局水文地质环境地质调查中心使用三维激光扫描仪对滑坡区进行了地形扫描（图 3.31）。早在 2012 年 6 月重庆市地质灾害防治工程勘查设计院曾对县城对岸这片斜坡（包括红岩子斜坡在内）进行了勘查（重庆市地质灾害防治设计院，2012），当初勘查的目的是为将来库岸的防护工程做准备。2012 年勘查过程中在红岩子斜坡上共有 5 个钻孔（图 3.31）。钻孔布置近直线，钻孔高程分布在 129～232 m。钻孔显示该斜坡的土体平均厚度为 25 m，主要由崩坡积物组成。钻探揭露的强风化带灰岩岩溶较发育，主要表现为溶隙、溶孔等，岩心较破碎，多呈块状、短柱状，钻孔揭露强风化带厚度为 1.4～6.8 m。土体易沿着强风化界线附近发生滑动。勘查报告显示当时红岩子斜坡为基本稳定状态（稳定系数 FOS=1.07）。仔细翻阅当时的勘查报告发现，在斜坡稳定性分析方面，勘查报告没有对库水冲刷可能造成的水下岸坡土体侵蚀进行考虑。水下岸坡土体是该顺向岸坡坡脚区域的重要抗滑段，起着重要的阻滑作用。在可能造成的危害方面，没有考虑滑坡可能激发涌浪，它将危害航道及对岸县城沿岸人民生命财产安全。

　　红岩子滑坡后，C、D 两区存在不同程度的变形。D 区主要以微小变形为主，没有大型宏观裂隙出现。C 区出现了 3 条大的拉裂缝（LF1～LF3）和众多平行于滑动方向的纵向裂缝（图 3.31）。LF1 长为 31 m，宽为 7～12 cm，走向为 45°，近垂直于滑动方向。LF2 长为 45 m，宽为 10～37 cm，下挫 2.6 m，走向呈弧形，倾向北。LF3 长为 48 m，宽为 3～47 cm，下座 0.12 m，走向呈弧形，倾向北。C 区横宽为 35 m，纵长为 165 m，平均厚度为 12 m，体积约 $7×10^4$ m³。D 区主要为滑塌后缘影响区。

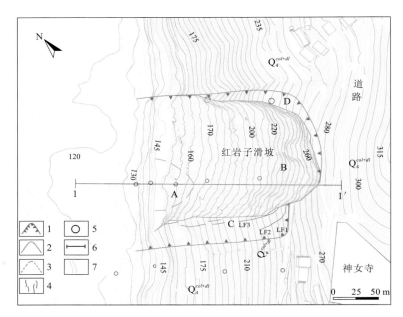

图 3.31　红岩子滑坡工程地质图

滑坡区为 2015 年 6 月 25 日中国地质调查局水文地质环境地质调查中心使用三维激光扫描仪测绘；1 为滑坡后的变形区域；

2 为滑坡范围；3 为 2015 年 6 月 23 日滑动范围；4 为拉裂缝；5 为钻孔；6 为勘查剖面线；7 为水下地形线

3.4.2　滑坡过程及后果

　　红岩子滑坡的滑动并不是一次完成的，它的宏观变形破坏经过了一段时间，最后才整体滑动。2015 年 6 月 21 日，红岩子斜坡前部出现小型滑塌，体积较小。2015 年 6 月 23 日，前缘继续滑塌（图 3.32），滑塌体积约为 $1.5 \times 10^4 \, \mathrm{m}^3$。2015 年 6 月 24 日上午红岩子斜坡中后部变形加剧，裂缝呈弧形，裂缝延伸长 25～80m，裂缝宽 3～10cm。中午，当地政府组织居民进行紧急疏散。16 时左右，裂缝变形急剧扩张，逐步连接贯通。后缘公路出现拉裂、下沉、鼓翘等现象（图 3.33）。

图 3.32　前缘滑塌区照片

（拍摄于 2015 年 6 月 23 日）

图 3.33　滑坡后部公路拉裂及鼓翘

现象（拍摄于 2015 年 6 月 24 日）

2015 年 6 月 24 日 18 时 23 分左右红岩子斜坡沿中后部裂缝发生整体滑移(图 3.34)。根据滑坡堆积物中的公路碎片标志点的失稳前后高程，计算滑动落差约为 100 m，滑距约为 150 m。目击者描述，滑坡运动约 2 min。图 3.35 是从滑坡后缘拍摄对岸的县城，滑坡入水后迅速产生了涌浪，涌浪袭击了对岸县城的沿江一线码头和居民。

图 3.34　滑坡正面照片
（拍摄于 2015 年 6 月 25 日）

图 3.35　滑坡对岸照片
（拍摄于 2015 年 6 月 25 日）

图 3.36 是某个目击者利用手机拍摄涌浪波袭击码头时的情形。其中图 3.36（a）显示了河面上多个波峰线正在向岸边行进，离岸最近的波峰使船头明显上翘，水波的推动力将船只推向岸边。图 3.36（b）显示了从岸坡反射出去的波与向岸坡推移的波的相遇、叠加。由于录像者采集影像时左右上下晃动手机，且没有录制滑坡发生和涌浪产生的时段，因此较难判断影像中的浪高及时间。

（a）

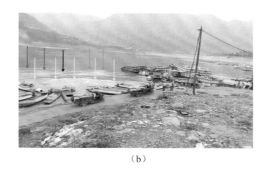
（b）

图 3.36　涌浪波袭击码头时瞬时照片(不同颜色箭头代表不同的波峰线)

滑坡发生前滑坡体内人员进行了及时预警疏散，无人员伤亡。根据目击者描述，滑坡入水后在江中形成了 5～6 m 高的涌浪。根据巫山县海事局调查，涌浪造成了停靠在长江及大宁河岸边 1 艘 14 m 海巡艇沉没，12 艘渔船翻沉，江边 2 人死亡，4 人受伤，3 处钢缆拉断，8 处码头钢缆不同程度受损。滑坡及涌浪造成的直接经济损失约为 500 万元。大宁河和长江巫峡是三峡旅游热线，长江三峡也是物流的黄金水道，每天有大量的游船和货船通行。滑坡涌浪后长江巫山县城段和大宁河进行了封航和限制性通航，造成间接经济损失约 7 000 万元以上。

6 月 25 日对滑坡涌浪的爬高进行了调查（图 3.37）。最大爬高值为 6.2 m，位于古城码头和旅游码头之间的冲沟内。红叶酒店斜坡的涌浪高度为 4.7～5.4 m，在海事码头附近涌浪高度约为 2.9 m。涌浪高度超过 1 m 的区域约 4 km。这 4 km 范围正好处于巫山县城沿江区域，停泊的船只密集，居民活动多，因此造成了滑坡涌浪悲剧。

图 3.37　巫山县城沿岸涌浪爬高图（遥感数据来源于 MAP WORLD）

那么红岩子滑坡是怎么发生的呢？图 3.38 是红岩子滑坡的综合工程地质剖面图，综合了 2012 年的勘查剖面和 2015 年的应急调查结果。从各岩性厚度来看，斜坡 130～175 m 段堆积物厚度较薄，该区域也是斜坡的坡脚部位。对于顺层滑坡而言，坡脚处的堆积物

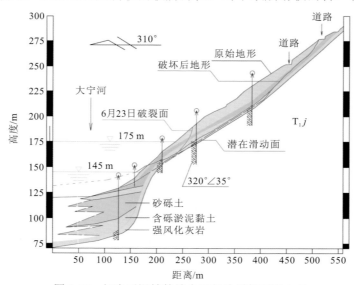

图 3.38　红岩子滑坡的综合工程地质剖面图 1-1′

钻孔是 2012 年开展的，钻孔位置可参见图 3.29，图中滑面和滑坡后水下地表线均为推测

为重要的阻滑段，阻滑段的强度、长度和厚度越大，越有利于滑坡的稳定性（Zhang et al.，2014；TerZaghi，1950）。对水库而言，红岩子斜坡坡脚正好处于消落带区域。一方面，水位上升后，坡脚接受水体的冲刷，不断带走表层土体；另一方面，反复的浸泡—风干造成了土体强度下降（王士天 等，1997；王思敬 等，1996）。消落带的劣化不利于红岩子斜坡的稳定，并将造成斜坡稳定性持续降低。

2015 年 6 月 16～17 日，巫山县普降暴雨，县城分别有 56.9 mm 和 44.6 mm 的暴雨（图 3.39）。降雨易形成渗透压力，不利于堆积层滑坡的稳定性（刘新荣 等，2013；TerZaghi，1950）。在大宁河上游的巫溪县，从 6 月 16 日开始一直有较大降雨量。这造成大宁河水流量急剧增加，在 6 月 23～24 日巫溪大宁河超过了警戒水位约 1.1 m。而红岩子一带的斜坡处于大宁河出峡谷后的凹岸，属于被水流侵蚀冲击区域。洪水水流流速快，易冲刷坡脚松散堆积物，形成塌岸（王士天 等，1997；王思敬 等，1996）。

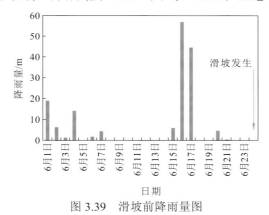

图 3.39　滑坡前降雨量图

同时，由于汛期来临，三峡水库下调水位为洪水留存库容。从 6 月 8 日开始，水库水位持续下降，21～24 日基本维持在 145 m 左右（图 3.40）。8～21 日的平均降速为 0.7 m/d。水库水位的下降会造成堆积物斜坡内地下水位的下降，在持续下降中形成不利于斜坡稳定的动水压力（Duncan et al.，1990）。

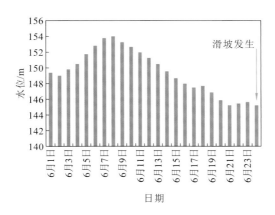

图 3.40　滑坡前水位变化情况

因此，降雨、河道洪水冲击和库水下降可能是造成 6 月 21～23 日红岩子斜坡前缘不断小型塌岸的诱发因素。前缘的塌岸区是红岩子顺层滑坡的主要抗滑段。抗滑段消失后，斜坡迅速变形，很快坡体沿强风化界线发生顺层滑移。滑体入水区水深较小（20m左右），一次性入水体积较大，入水速度较快，由此产生了较大涌浪波。

3.4.3 红岩子滑坡涌浪过程分析

本书利用基于水波动力学的深水区滑坡涌浪源模型来模拟红岩子滑坡涌浪过程。该模型成功地模拟了大量不同类型的涌浪灾害（Applied Fluids Engineering Inc. et al.，2008；Tappin et al.，2008；Watts et al.，2003；Walder et al.，2003）。本书工作主要对红岩子滑坡涌浪进行复演，研究涌浪灾害过程，进而对 C 区变形体可能产生的最大涌浪进行分析，以帮助当地政府对变形体处置问题进行决策。

根据标志点滑动滑距约为 150 m，滑动时间在 2 min 左右，假定滑坡运动时加速度一致，根据牛顿运动定律，滑坡的最大速度约为 2.5 m/s。由于滑坡坡脚原为大宁河平缓漫滩，入水岩土体大部分会停留在该平台上。根据等体积法估算：滑坡质心约在高程为 135 m 的位置，停止位置水深约为 10 m，运动距离约为 178 m，估算滑坡的最大运动速度约为 2.97 m/s。水下运动距离约为 45 m，估算水下运动时间为 36 s。标志点法和等体积法计算的最大速度较为接近，本书取根据标志点计算得到的速度 2.5 m/s。

包括滑体体积、运动速度等因素在内，应用 FAST/Geowave 计算红岩子滑坡产生涌浪所需的输入参数，参数见表 3.6。基于红岩子滑坡与大宁河的相对位置关系，此次使用的涌浪源模型为浅层滑坡涌浪源，它是 FAST/Geowave 计算初始涌浪源中的一种。三峡库区采用这一模型进行了若干滑坡的涌浪计算分析，有较好的效果（Wang et al.，2015；Huang et al.，2012）。当参数输入 FAST/Geowave 后，初始涌浪波的一系列特征值就计算出来了，滑坡涌浪源场形成。

表 3.6 红岩子滑坡涌浪源参数表

输入		输出	
滑坡体积/m³	230 000	滑坡加速度/（m/s²）	−0.07
滑坡宽度/m	130	波长/m	96.3
入水速度/（m/s）	2.5	弗劳德数	0.25
滑坡停止深度/m	10	波峰高度/m	6.14
水下运动距离/m	45	波谷速度/（m/s）	−2.42
水下运动时间/s	36	波峰速度/（m/s）	2.03

涌浪传播和爬高的 FUNWAVE 计算区域范围与图 3.37 范围基本一致。这一区域长 5.4 km，宽 5.4 km，被 20 m×20 m 的网格划分为 270 行、270 列。计算域内河流呈"T"形，滑坡位置处于河流交汇处附近。FUNWAVE 模块计算了 8 000 时步，每时步为 0.20 s。

因此模拟的涌浪传播时间为 1 600 s，获得了计算河道内的大量传播和爬高数据。

计算复演了 6 月 24 日红岩子滑坡产生涌浪的过程。模拟结果显示在河道中红岩子滑坡产生的最大波高为 6.3 m，位于滑坡入水处附近（图 3.41）。这一最大浪高值与目击者描述的 5～6 m 浪高接近。涌浪产生的最大爬高位于古城码头附近，爬高高度为 6.0 m。从龙潭沟到西坪沿岸的爬高均大于 1 m，渔山码头至海事码头的涌浪爬高尤为剧烈，超过 2.5 m。这一区域也是 6 月 24 日涌浪事件中沉没船只和伤亡人员的所处位置。在红岩子滑坡这一岸线，涌浪爬高则小于对岸，只在零星几个区域出现了较大的爬高。这与目击者描述的涌浪主要作用于县城沿岸相符。对图 3.37 的涌浪爬高值与计算值进行对比（图 3.42），两组值的相关系数（R^2）为 0.92，差值范围为 1.8%～25%。从河道最大波高分布图来看，6 月 24 日红岩子滑坡涌浪影响范围基本集中在长江河口至龙门峡口之间的大宁河河段，长约 4 km，对长江航道影响较小。6 月 24 日涌浪事件对仅在长江南岸的南陵乡产生了零星的 1 m 爬高区域，危害性低。这一评估结果与 6 月 24 日涌浪危害实际情况相符，计算结果与调查值吻合程度较高。这说明本次数值分析结果有效，该数值模型合理准确地反映了红岩子滑坡产生的涌浪过程情况。

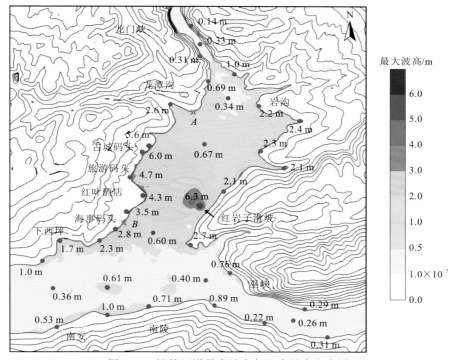

图 3.41 计算河道最大波高与沿岸最大爬高图

从涌浪的传播瞬时情况来看，滑坡发生后 96 s 左右，最大涌浪波抵达红叶酒店的护岸斜坡上[图 3.43（a）]。116 s 后抵达对岸的渔山码头旁冲沟内，冲沟最大爬高为 6.0 m[图 3.43（b）]。160 s 后涌浪抵达海事码头，爬坡浪高度最大达到 2.8 m[图 3.43（c）]。60 s 后涌浪波已经传播出河口。约 27 min 后涌浪波仍在大宁河内荡漾[图 3.43（d）]。波浪在

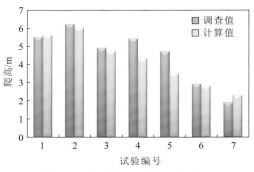

图 3.42　调查值与计算值的对比

大宁河的平均运动速度约为 9.8 m/s。因此，涌浪的运动速度是非常快的，滑坡发生后沿岸居民安全撤离的时间非常有限。

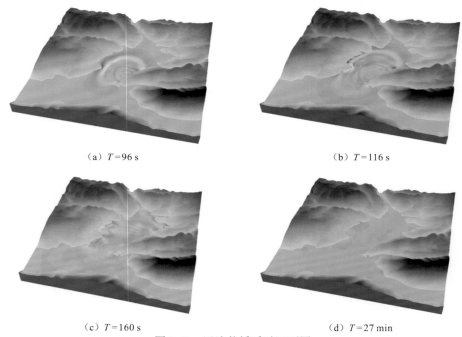

（a）$T=96$ s　　　　　　　　　　　　　　　（b）$T=116$ s

（c）$T=160$ s　　　　　　　　　　　　　　　（d）$T=27$ min

图 3.43　涌浪传播瞬时河面图

红岩子滑坡涌浪的传播过程受河道地貌影响强烈，具体表现在：首先是环状传播的涌浪直接冲击了古城码头至海事码头岸线。由于红叶酒店斜坡平台是凸出的人工堆积平台，它凸出古城码头岸线约 300 m。凸出的岸线斜坡部分阻挡了反射波浪向下游传播，上游堰沟一线的岸坡又将传播的波浪反射回来。在向大宁河峡谷上游传播方向上，仅留了龙门峡约 100 m 的河道让波浪入射进去。这一地貌特征使大宁河龙门峡内受涌浪影响较小，同时使波浪在红叶酒店至龙门沟一带的河道内反复荡漾，波浪作用时间较长（图 3.44 中 A 点）。当一部分近岸涌浪波穿过红叶酒店的凸出平台后，下游海事码头至下西坪岸线平直，为人工修砌的库岸，涌浪波在这一岸线呈沿岸流的形式持续快速向前推进

（图 3.44 中 B 点）。在河道上，涌浪波出河口后，传播方向上的水面骤然变得宽阔很多，单位水体的能量快速下降，波高下降。进入长江后，以大宁河为界，波浪分别向上下游传播，但波幅很小，危害甚微。

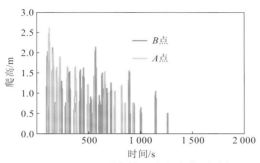

图 3.44　A、B 两点的涌浪爬高作用过程

3.4.4　红岩子旁侧变形体的涌浪预测分析

红岩子滑坡牵引了旁侧 C 区和 D 区的土体（图 3.31），造成了 C 区和 D 区的变形。D 区暂无宏观变形现象，它的失稳方向明显为向滑坡凹槽中（B 区）滑塌。若 D 区失稳，则岩土体先落入 B 区，然后滑动入江。由于 B 区下段有部分红岩子滑坡的残留体平台，D 区失稳造成的岩土体入江的速度和体积有限，即产生的涌浪非常有限。而 C 区体积有 $7 \times 10^4 \, \text{m}^3$，坡体上横纵裂缝发育，其失稳极可能类似于红岩子滑坡，极可能产生危害性的涌浪。6 月 24 日红岩子滑坡涌浪后，大宁河、长江航道进行了应急封航。由于红岩子滑坡涌浪尚未危及长江航道，C 区滑坡更不会危及长江航道，长江航道随即进行了解禁。因此，C 区变形体的潜在涌浪危害情况成为大宁河航道能否解禁的关键所在，是红岩子滑坡应急处置中急需面对的问题。由此，作者基于红岩子滑坡涌浪成功复演的经验，对 C 区可能产生涌浪的最坏结果进行了分析。

由于估算的是最大的涌浪情况，尽管 C 区的后缘高程小于红岩子滑坡，入水后运动距离也应小于红岩子滑坡，但仍采用了红岩子滑坡相同的运动参数。输入 FAST/Geowave 的计算参数和输出结果见表 3.7。采用了与红岩子滑坡相同的计算网格，利用 FUNWAVE 计算了 8 000 时步，共模拟了 1600 s，预测了红岩子滑坡旁侧变形可能产生的涌浪情况。

表 3.7　变形体滑坡涌浪源参数表

输入		输出	
滑坡体积/m^3	70 000	滑坡加速度/（m/s^2）	−0.07
滑坡宽度/m	35	波长/m	96.3
入水速度/（m/s）	2.5	弗劳德数	0.25
滑坡停止深度/m	10	波峰高度/m	1.87
水下运动距离/m	40	波谷速度/（m/s）	−2.42
水下运动时间/s	36	波峰速度/（m/s）	2.03

　　图 3.45 展示了数值模拟得到的最大波高和爬高分布情况,红岩子旁侧 C 区变形体可能产生的最大涌浪高度为 2.2 m,最大爬高为 2.0 m。借鉴国家海洋局发布的《风暴潮、海浪、海啸和海冰灾害应急预案》对内河航道进行涌浪风险预警分区。根据这一预案,当波浪大于 3 m 时为航道红色预警区,当波浪在 2～3 m 时为航道橙色预警区,当波浪在 1～2 m 时为航道黄色预警区,当波浪小于 1 m 时为蓝色预警区。

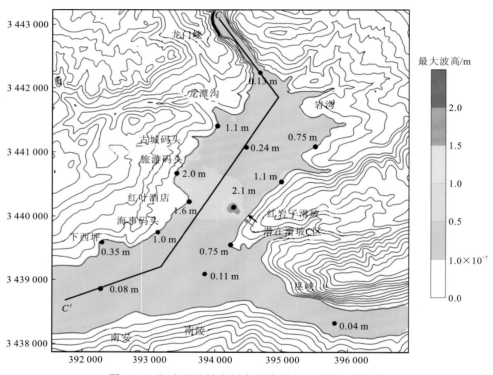

图 3.45　红岩子滑坡旁侧变形体潜在涌浪危害预测图

　　橙色预警区仅包括滑坡入水的扰动区和旅游码头冲沟内两处。黄色预警区包括红叶酒店凸出部分,旅游码头至古城码头的三个冲沟内,龙谭沟山脊处,以及红岩子斜坡上游的菜籽坝凹槽这六个点位。因此,河道内非常有限的零星区域为橙色预警区和黄色预警区,绝大部分区域均为蓝色预警区。由此可见,7×10^4 m^3 的 C 区变形体产生涌浪的最坏情况就是对县城海事码头至龙潭沟一线沿岸有冲击,但影响有限,对大宁河主航道有一定影响(图 3.46)。

　　根据这一分析结果,当地政府采取了以下措施:①在对 C 区变形体进行工程处置前,对大宁河河段进行限制性通行,大型船只靠河道西侧航道行驶,小型船只暂时不容许航行。长江航道不预警。②C 区变形体应急监测数据与海事管理部门共享,大型船只是否限制取决于滑坡监测数据,以保障通行船只的安全。③尽快开展变形体的应急治理工程。

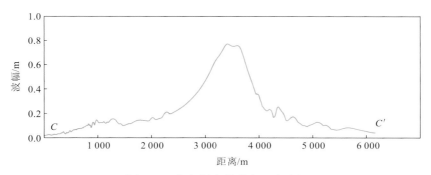

图 3.46 主航道上的潜在涌浪波幅

第 **4** 章

基于水波动力学的
浅水区陆地滑坡涌浪

　　滑坡涌浪是岩土体冲击水体后形成的一种水波运动。由于受纳水体的深浅不一，滑坡后，有的滑坡完全被水淹没，有的则只有一部分滑体被淹没。河道水没有完全淹没滑体这一情形可称为浅水区的滑坡涌浪。浅水区的滑坡涌浪事件中，由于河道的容纳体积有限，常常伴随着滑坡坝的形成，阻塞河道（Schuster et al.，1986）。"浅水"中的"浅"应该采用相对的思维来进行理解，如瓦伊昂滑坡滑体平均厚度约为 250 m，堰塞了瓦伊昂水库（Crosta et al.，2013；Müller，1964），它产生的涌浪也是浅水区的滑坡涌浪。

　　以往大量原型或概化物理模型试验的设计大多是滑体完全滑入水体中（Mohammed et al.，2013）。由于水体较浅，岩土体扰动水体后非线性强烈，较少有经验公式和物理试验公式可以适用这样的工况。

　　本章建立浅水区滑坡涌浪物理模型，总结浅水区滑坡涌浪的产生规律，推导形成相应的计算公式，建立基于水波动力学的浅水区滑坡涌浪源模型，并开展有效性验证和实例应用。

4.1　浅水区滑坡涌浪源特征

　　从一些典型案例来看，浅水滑坡涌浪地貌上的最大特征是水体较浅，岩土体滑入水后不能被完全淹没（Yin et al.，2015b；Voight et al.，1983）。这一特征明显与以往的水槽试验有区别，它们基本都是完全淹没滑体的。据这个特征，设计了浅水滑坡涌浪试验。

4.1.1　试验设计与结果

1. 水槽及总体布置

　　试验水槽和相关设备在武汉地质调查中心宜昌基地滑坡涌浪实验室进行。试验依据重力相似准则设计为正态模型。建立模型试验水池。试验在一个玻璃水槽中开展，水槽宽 1.5 m，长 5 m，深 1.5 m。水池水深在 20～40 cm。滑坡设备在水槽外侧放置，滑块滑入水后不能完全淹没于水下（图 4.1）。

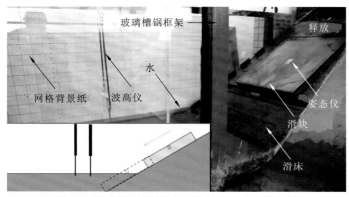

图4.1　浅水滑坡涌浪试验模型及试验水槽照片

水下滑坡模型采用概化的长方体形状进行模拟，按重力相似准则进行设计与制作。小型滑块由混凝土捣制成型；滑坡由若干块滑块拼装而成，拼装在定制木板盒中。滑坡体有不同的几何尺寸和体积，按照长、宽和厚的正交设计制作（图4.2）。

（a）混凝土滑块　　　　　　　　　　　　　　　（b）木板盒

图 4.2　混凝土滑块及木板盒

以重力相似准则来设计浅水滑坡涌浪物理试验。试验流体为水，试验水深为 0.2～0.4 m。试验滑坡块体采用混凝土制作，其密度为 2 300～2 400 kg/m³，与岩土体的密度相近。滑块的长度为 0.80～1.20 m，滑块的厚度为 0.05～0.11 m，滑块的宽度为 0.6～1.0 m。这三个几何参数的比率参考了滑坡的几何参数比率（Peng et al.，2015）。滑块的滑动角度位于 27°～39°，滑块落差为 1.01～1.61 m。

2. 滑动装置

试验中采用人工提拉挂钩的方式实现滑块在滑床上的静停和释放，释放后，滑块在滑板和水中的加速、减速与停止等滑动过程是完全自由运动。滑动控制设备由升降平台、倾角调整机构、载物滑动机构、可伸缩式滑坡板和控制柜组成（图3.22）。

升降平台尺寸为 2.5 m×2.0 m×0.5 m（最低高度），载重 0.5 t。平台采用液压升降装置，可自由升降，升降行程为 1.5 m。平台安装有高度测量装置，可精确测量升降高度。平台底部安装有可伸缩式万向轮，使平台可自由移动。倾角调整机构采用钢框架结构，由液压装置调整倾斜角度，调节范围为 25°～60°。倾角调整机构安装有倾角测量装置，可精确测量倾斜角度。

载物滑动机构由电动牵引装置和定位装置组成。可牵引载物滑车在导轨上精确定位，同时具备自动脱钩功能，可牵引、卸放滑车及滑坡体试块。

可伸缩式滑坡板由三段可伸缩式钢框架、多块可拆卸式钢板和限位铰链组成，整个坡板为可拆卸结构，可以从滑动控制设备整体拆下。三段可伸缩式钢框架在保证滑动控制设备调整角度和高度时，能够实现滑动控制设备与池底之间的无缝连接。当角度和高度确定后，将可拆卸式钢板用沉头螺钉固定在可伸缩式钢框架上，形成滑坡面。限位铰链用于控制限定可伸缩式钢框架位置，以防止试验中，由于滑车的冲击，发生跑位。控制柜用于控制滑动控制设备的运行。控制柜面板共有两个指示灯和五个控制旋钮，分别控制电源、平台高度、滑板角度、牵引机装置和滑车释放装置。

3. 量测系统

试验中测量波浪高度的仪器是珠江水利科学研究院的 LG-2 型波高仪，采集精度为 1 mm，采集频率为 50～200 Hz。本次试验中共布置 14 个波高监测点，采集频率为 50 Hz。波高监测点密集分布在涌浪产生区，少量在传播区，波高仪分布见图 4.3。

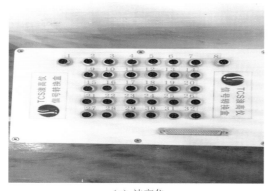

（a）波高仪　　　　　　　　　　　　　　　　　（b）数据采集器

图 4.3　波高仪及数据采集器

滑块的滑动速度用姿态仪来测量。姿态仪可以记录块体在滑动过程中的速度及加速度。Hall 速度计的采集精度为 0.01 m/s，采集频率为 100 Hz。试验中仅一个姿态仪放置在滑块中。因为滑块相对为刚性块体，速度基本一致，所以一个姿态仪的数据可以代表整个滑体的速度。最后将 x 方向和 z 方向速度的合成速度作为滑体下滑过程中的滑动速度。

玻璃水槽的一面粘贴网格背景纸，在它的对面采用高清摄像机捕捉滑块入水和涌浪的全过程，并用来分辨初始涌浪高度与位置。利用照片和网格纸解析涌浪波长与波速。采用 CANON 5D MARKII 对滑块运动和水波过程进行全程录像。CANON 5D MARKII 进行短片拍摄的频率为 20～30 Hz，1 s 中可以拍摄 720P 的高清照片 25 张左右，基本符合试验要求。试验早期架设了两台 CANON 5D MARKII，发现拍摄效果并不明显，后期仅架设一台 CANON 5D MARKII 记录滑块运动和波浪产生。

4. 试验设计

浅水滑坡涌浪物理试验组次采用了正交试验设计。正交试验设计是研究多因素多水平的一种设计方法。它是根据正交性从全面试验中挑选出部分有代表性的点进行试验，这些有代表性的点具备了"均匀分散，齐整可比"的特点。正交试验设计是分析因式设计的主要方法，是一种高效率、快速、经济的试验设计方法。采用正交试验设计，见表 4.1，6 个因素，每个因素在变化范围内取 5 个值，形成 25 组试验。每组试验进行 4 次试验，第一次试验获取初始涌浪的位置并固定波高仪，后 3 次试验获得的最大初始涌浪值取平均值作为最大初始涌浪试验值，最大水舌高度值也一样处理。将 4 次试验的最大速度的平均值作为最大速度试验值。涌浪产生后，首次产生的两个波峰之间的距离为涌浪波波长。利用不同时段照片对比单位时间内波峰运动的距离，计算得到涌浪波波速。

表 4.1　浅水滑坡涌浪试验及结果表

序号	试验设计						试验结果				
	L_s /cm	W_s /cm	T_s /cm	h_0 /cm	α /(°)	u_m /(m/s)	V_m /cm³	a /cm	H_j /cm	C /(m/s)	λ /cm
1	100	80	5	20	30	2.14	15 869	4.80	50	2.08	105
2	100	60	8	25	27	1.93	27 036	7.99	53	1.78	125
3	100	70	9	30	33	2.16	35 898	8.80	65	2.08	110
4	100	90	10	35	36	2.28	54 767	8.63	55	2.08	95
5	100	100	11	40	39	2.71	75 687	13.19	110	2.08	110
6	80	80	8	35	39	2.58	37 038	7.52	100	2.08	110
7	80	60	9	40	30	2.10	42 604	5.67	25	2.08	130
8	80	70	10	20	27	1.77	31 904	10.77	97	2.08	110
9	80	90	11	25	33	1.52	45 330	12.93	103	2.08	110
10	80	100	5	30	36	2.25	27 383	5.78	80	1.78	95
11	90	80	9	25	36	2.83	34 180	10.40	120	1.78	140
12	90	60	10	30	39	2.61	29 018	9.45	130	2.08	145
13	90	70	11	35	30	1.14	57 510	10.14	63	2.08	110
14	100	90	5	40	27	2.03	45 000	4.79	20	2.08	100
15	90	100	8	20	33	2.35	28 839	10.73	85	2.08	95
16	110	80	10	40	33	2.16	62 052	7.37	45	2.08	110
17	110	60	11	20	36	2.39	21 220	9.18	90	1.56	115
18	110	70	5	25	39	2.36	13 348	4.94	53	2.08	100
19	110	90	8	30	30	1.16	43 816	8.80	50	2.08	95
20	110	100	9	35	27	1.95	67 708	8.57	13	2.08	80
21	120	80	11	30	27	1.53	54 346	8.70	10	2.08	95
22	120	60	5	35	33	2.23	19 723	4.24	53	2.08	130
23	120	70	8	40	36	2.34	39 734	5.17	50	2.08	130
24	120	90	9	20	39	2.76	24 664	10.63	100	2.08	110
25	120	100	10	25	30	1.84	44 689	10.64	33	1.78	95

各组试验和试验结果见表 4.1，其中 L_s 为崩滑体长度，W_s 为崩滑体宽度，T_s 为崩滑体厚度，h_0 为静止水深，α 为滑面坡角，u_m 为滑块最大冲击速度，V_m 为淹没体积，a 为

首浪最大波幅，H_j 为最大水舌高度，C 为涌浪传播速度，λ 为涌浪波长。

试验统计发现，仅 1 组试验（14 号）是滑块完全淹没的试验，其他试验中滑块的淹没程度不一。滑块淹没度为 0.25～0.98，较为集中的淹没度为 0.35～0.75。淹没度是指淹没的体积与整个体积之比。因此，这次滑坡涌浪试验不是完全淹没的滑坡涌浪试验，是前述的浅水区滑坡涌浪试验。从弗劳德数来看，这次滑坡涌浪试验的弗劳德数为 0.61～2.0，集中的弗劳德数为 1～1.5。

4.1.2　浅水区滑坡涌浪源规律

浅水区滑坡涌浪产生规律可以从三个方面来认识，分别是滑块运动特征、滑坡涌浪形成情况和滑坡涌浪波特征浪关系式。

1. 滑块运动特征

滑块的运动是激发涌浪的最关键因素，因此滑块的速度及加速度过程是涌浪形成过程中首先需要关注的。根据 Hall 速度计的姿态数据可解算各向速度和发生的位移。利用 MATLAB 编制了相关解算程序。速度计解算的原理是通过一段数据来判断滑块滑动与否，进而判断滑块的启动与停止。因此当滑动速度较大时，较容易判断滑块的启动，解算误差一般较小。当速度较小时，解算有一定误差（估计速度最大误差为 0.1 m/s 左右）。特别是在判断滑块的停止上，由于停止前的滑动速度较小（相对最大速度），解算的滑块停止一般比实际情况提前。因此，滑块解算的运动距离一般较实际情况略小，特别是减速段的距离比实际情况小。运动速度越小，滑块解算的运动距离一般较实际情况差异越大（距离最大误差在 0.5 m 左右）。

图 4.4 展示了五个滑板角度下滑块的速度变化曲线。从图 4.4 可见，滑块首先有一个近似直线的加速过程，然后出现缓加速或缓减速，最后快速停止。这三个阶段可以分别对应于空气中滑床上的滑行，遇水后的缓减速或缓加速滑行，接触池底后快速停止。同时，随着滑床角度的抬升，在空气中的滑行加速度值变大。由于水体的深度和滑动距离不同，第二个阶段的缓减速或缓加速的持续时间不一。

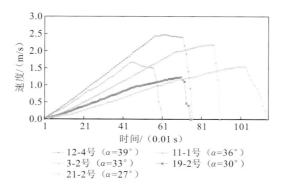

图 4.4　典型滑块的速度变化曲线图

从滑块的加速度图（图 4.5）来看，三个阶段的滑行加速度都不是匀加速或匀减速。由于滑床和滑块都是一般加工件，试验组的滑动都不是理想状态下的滑动。碰撞之前滑块加速度的波动变化主要由滑床和滑块间的摩擦力不同而造成，而入水后则由水的阻力和池底摩擦力造成滑块加速度的波动。

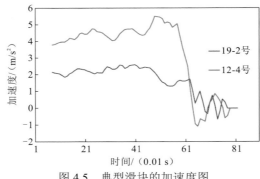

图 4.5　典型滑块的加速度图

速度和加速度图对比可见，三个阶段区分较为明显，其受力和运动状态分别如下。

（1）加速阶段。滑块启动后即进入加速运动阶段。尽管滑道为一样的铁板，但滑动摩擦系数仍然有一定差异，加速度值有起伏变化。空气阻力在这一阶段存在但基本被忽略。因此，加速阶段滑块的加速度基本与滑动角度有关，滑动角度越大，倾角越大，基本呈直线加速。

（2）缓慢加（减）速阶段。滑动速度达到一定值后（有些是最大速度，有些则不是最大速度），滑块前缘抵达水面。滑块的运动开始变得非线性，阻力由摩擦力、水阻力和拖曳力构成。在速度图像上表现为缓加速或者缓减速，加速度图上表现为加速度下降。

（3）急剧减速阶段。运动后期滑块开始急剧减速，一般是在滑块部分区域接触水槽底部时，铲刮摩擦阻力巨大，滑块在短时间内迅速停止。速度和加速度曲线均呈悬崖式下降，加速度会急剧下降，成为负的加速度。由于惯性作用，一般最后阶段的加速度和速度都在 0 附近微小波动。

这些运动阶段性与滑动过程中遇到的阻力有关。要想了解这些阶段的分界点和受力的差异，必须了解滑块运动过程。首先，对比滑动距离（滑块位置）和滑动速度可看到，滑动达到最大速度的时刻基本是在滑块完全在滚轴滑道上的最后一个瞬时。然后，滑块的一端在水泥地上，一端在滚轴上，滑块在减速-加速-减速中最终停止。最后，有些试验中，整个滑块在水泥地面上滑行非常小的距离。

2. 滑坡涌浪形成情况

从宏观现象上来看，浅水区滑坡产生涌浪的最大特征是形成了以波峰为主的初始涌浪波列并向四周传播。这与陆地上滑坡入水产生涌浪有着完全不同的特征。

波高仪数据则定量化并更清楚地展示了涌浪的形成过程。利用波高仪对涌浪形成区进行了水位量测。图 4.6 展示了试验中波高仪监测点的水位过程线。由于试验前水面难以彻底平静，因此形成的波浪是叠加了早期水面波动的波群样式。但是这一波群的样式（包络线）总体也展示了波浪的形成过程。

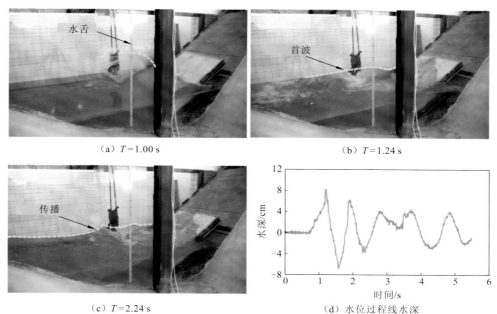

（a）$T=1.00$ s　　　　　　　　　　　　　（b）$T=1.24$ s

（c）$T=2.24$ s　　　　　　　　　　　　（d）水位过程线水深

图 4.6　16 号试验的瞬时图片及水位过程线水深

以 16 号试验为例说明浅水区滑块入水产生涌浪的情况（图 4.6）。滑块释放后加速运动，滑块前缘冲击水体形成水舌，随后形成初始涌浪波。由于水体较浅，滑块在水中滑动时间非常短，这决定了水体与滑块交换能量时间非常短。滑块停止时，水面上仅形成了一列波峰，即初始涌浪波峰。这一点与滑块完全滑入水中形成的涌浪可能有些差别。在完全入水试验中，滑块停止前可能会形成两列波峰，第一次在滑块前缘推开表面水体，第二次可能为滑块完全停止时（Huang et al.，2014）。初始涌浪波形成后，水体中的传播阶段随即开始。从波高仪数据来看，波浪序列中最开始的两列波峰比较大，这与滑块完全入水试验基本相同（Huang et al.，2014）。

深水区滑块入水试验显示，滑块入水产生涌浪有四个阶段：①冲击形成浪花；②水面被推开，形成第一列波浪；③滑块在水中运动，第二列大的波浪形成；④涌浪开始向河道内传播。深水区滑块入水产生涌浪的两个典型现象是水花（浪花/水舌）和以大的波峰为特征的波列。而浅水区滑坡入水产生涌浪的典型现象是大的水舌或浪花和 1～2 个大的波峰，这和深水区滑坡涌浪试验所得现象相似，差异在于浅水区产生的水舌更大，波峰以波高比较陡的 1～2 个波列为主，表现形式上更为激进。本次浅水区滑块产生涌浪的试验显示，该类型滑坡涌浪有三个典型阶段。

（1）滑块滑动，形成冲击浪花。滑块滑动后，高速冲击水体，滑块前缘推开水面，形成较大的水舌或浪花，水舌与浪花非常大，运动速度也较大。在浅水区，河谷一般较为狭窄，高速运动的水舌或浪花能形成具有巨大摧毁力的冲击。

（2）第一列波峰形成。滑块快速滑动，推动和拖曳水体，将能量传递给水体，在水面形成了一列大的波峰。同时，浪花或水舌开始坠落。

（3）波浪开始传播，并形成第二列波峰。滑块开始停止后，滑块不再传递能量给水体。水体形成的波浪开始自由传递，并形成第二列波峰。

从滑块运动和涌浪形成来看，相对完全淹没的涌浪试验，浅水区滑坡涌浪试验由于流固作用时间短，水体滑体交换能量时间有限，能量交换率可能偏低。但是由于水浅，较少的水体吸收较少的能量，单位水体能量却不一定小，相应形成的涌浪也不一定会小（Yin et al.，2015b）。这也是浅水区会有大的涌浪的原因。

3. 滑坡涌浪波特征浪关系式

显然浅水区滑坡涌浪的第一列波峰（初始涌浪波）为描述滑坡涌浪的关键，它是最为重要的特征波。描述一个特定的初始涌浪，有若干个特征值必须提到，它们是波幅、波长和波速。波幅描述了初始涌浪中水质点在上下运动过程中偏离平衡位置（静止水面）的最大距离。它是很直观的一个宏观形态参数。它的大小一般与滑坡的几何特征、运动特征、流体特征相关。

大量的研究表明，滑坡的几何尺寸、水体深度、滑动速度、滑动角度和滑体的淹没程度对滑坡产生的初始涌浪有控制作用（Mohammed et al.，2013；Watts et al.，2003）。将涌浪波高与波谷的影响因素采用无量纲的因次表达，其函数形式为

$$\frac{a}{h_0} = f\left(\frac{W_s}{h_0}, \frac{T_s}{h_0}, \frac{l_{sw}}{h_0}, \frac{l_{sw}}{L_s}, \frac{u_m^2}{gh_0}\right) \tag{4.1}$$

式中：h_0 为静止水深，m；L_s 为崩滑体长度，m；l_{sw} 为滑块淹没长度，m；T_s 为崩滑体厚度，m；W_s 为崩滑体宽度，m；u_m 为滑块最大冲击速度，m/s；g 为重力加速度，m/s^2。

参考类似滑坡涌浪初始高度函数样式（Huang et al.，2014；Watts et al.，2003），给出本次试验结果的函数方程为

$$\frac{a}{h_0} = x\left(\frac{W_s}{h_0}\right)^{y_1}\left(\frac{T_s}{h_0}\right)^{y_2}\left(\frac{l_{sw}}{h_0}\right)^{y_3}\left(\frac{l_{sw}}{L_s}\right)^{y_4}\left(\frac{u_m^2}{gh_0}\right)^{y_5} \tag{4.2}$$

式中：x、y_1、y_2、y_3、y_4、y_5 为待定参数。

采用无量纲参数对浅水区滑坡涌浪试验结果进行了波幅回归分析。类比以往文献的表达形式，以首浪最大波幅为因变量，其他为自变量，经过非线性回归分析，得到了首浪最大波幅函数关系式（4.3），它是相对速度、相对宽度、相对厚度、滑动冲击角度、淹没度和水体深度等变量的函数。该式预测结果与试验结果的相关性为 0.94（图 4.7），最大差值百分比为 16.3%，平均差值百分比为 8.99%。

$$\frac{a}{h_0} = 0.948\left(\frac{u_m}{\sqrt{gh_0}}\right)^{0.071}\left(\frac{W_s}{h_0}\right)^{0.676}\left(\frac{T_s}{h_0}\right)^{1.041}\left(\frac{l_{sw}}{h_0}\right)^{-0.545}\left(\frac{l_{sw}}{L_s}\right)^{0.464} \tag{4.3}$$

式中：$\dfrac{u_{\mathrm{m}}}{\sqrt{gh_0}}$ 为相对速度；$\dfrac{W_{\mathrm{s}}}{h_0}$ 为相对宽度；$\dfrac{T_{\mathrm{s}}}{h_0}$ 为相对厚度；l_{sw} 为滑块淹没长度；$\dfrac{l_{\mathrm{sw}}}{h_0}$ 为滑动冲击角度正弦值；$\dfrac{l_{\mathrm{sw}}}{L_{\mathrm{s}}}$ 为淹没度。

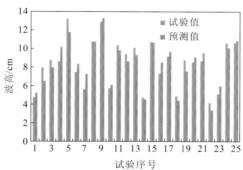

图 4.7　波高试验值和预测值对比柱状图

波长描述了首浪最大波幅在一个振动周期内传播的距离。一般来说，波长与冲击速度、滑块的宽度、水深、入水角度、波速等有密切关系。采用相同的步骤，利用无量纲参数对浅水区滑坡涌浪试验结果进行了波长回归分析。式（4.4）为初始涌浪波长函数表达式。利用式（4.4）计算的预测值与物理试验值之间的相关性为 0.71（图 4.8），最大差值百分比为 17.7%，平均差值百分比为 6.4%。

$$\lambda = 163.29 \left(\dfrac{u_{\mathrm{m}}}{C}\right)^{0.282} \left(\dfrac{W_{\mathrm{s}}}{h_0}\right)^{-0.387} \left(\dfrac{l_{\mathrm{sw}}}{h_0}\right)^{0.078} \left(\dfrac{T_{\mathrm{s}}}{h_0}\right)^{0.174} \tag{4.4}$$

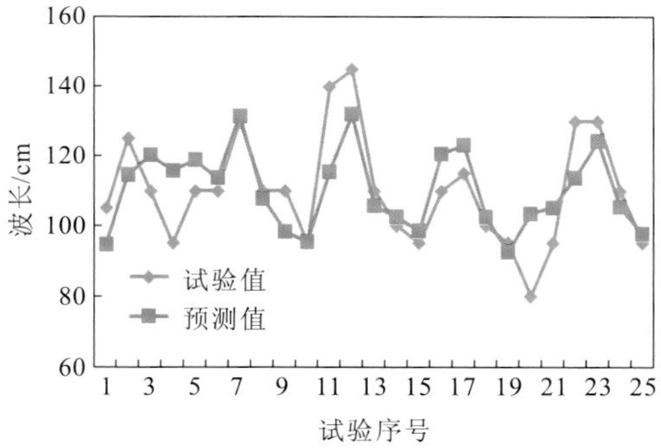

图 4.8　波长试验值和预测值对比图

波速是用来描述单位时间内波形传播距离的参数，也是进行涌浪传播计算的重要参数。式（4.5）是经典的非线性波的波速理论公式。

$$C = \sqrt{g(h_0 + a)} \tag{4.5}$$

由于采用的是照相机进行波速解算，波速会有一些误差。实测结果与该理论公式的相关性为 0.51，最大差值百分比为 25.0%，平均差值百分比仅为 3.6%。尽管相关性差一些，但数值基本上非常接近（图 4.9）。因此波速的理论计算公式可以用来预测初始的涌浪波波速。

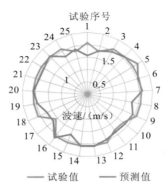

图 4.9   波速试验值和预测值对比图

在浅水区滑坡涌浪过程中，由于水浅、河面窄，水舌是一个不可忽视的重要现象。水舌高速运动，且高出初始涌浪波很多，很多滑坡对岸的破坏是由水舌高速冲击造成的，而不是由涌浪爬坡造成的。而滑坡涌浪事件发生后的野外调查中，很难判断对岸的破坏痕迹是由水舌还是由爬高造成的。水舌高度是判断滑坡邻区破坏的重要参考指标之一。采用无量纲参数对浅水区滑坡涌浪试验结果进行了最大水舌高度 H_j 的回归分析。式(4.6)为水舌函数表达式。利用式（4.6）计算的预测值与物理试验值之间的相关性为 0.72（图 4.10）。实际拍打对岸的水舌高度一般会小于该预测值，这是因为水舌不一定恰好在最大时冲击岸坡。

$$\frac{H_j}{h_0} = 12.722 \left(\frac{W_s}{h_0}\right)^{0.403} \left(\frac{u_m}{\sqrt{gh_0}}\right)^{1.349} \left(\frac{T_s}{h_0}\right)^{1.037} \left(\frac{L_s}{h_0}\right)^{-0.929} \tag{4.6}$$

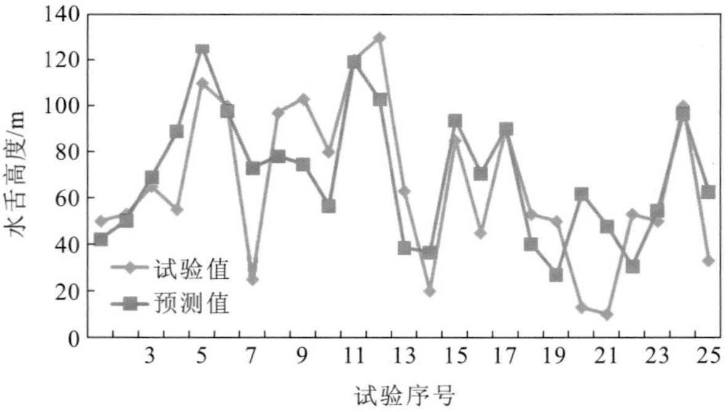

图 4.10   水舌高度试验值和预测值对比图

4.2　浅水区滑坡涌浪源数值模型构建

与深水区滑坡涌浪源模型类似，建立浅水区滑坡涌浪源模型需要初始时间时的初始液面、波长、波速等控制方程。本书选择在FAST / Geowave模型中增加嵌入浅水滑坡涌浪源模型。

FAST 的浅水区滑坡涌浪源模型专门形成浅水区的涌浪波，它提供初始涌浪波液面、初始涌浪波速度场、地形文件和水文文件。FAST 计算滑坡涌浪源文件后，驱动 FUNWAVE 提供涌浪传播和爬高计算，同时提供驱动 FUNWAVE 的无缝对接设置和程序服务。基于 FUNWAVE 软件，准确的涌浪源输入和合理的软件使用可以产生良好的模拟结果，大量的案例研究证实了这一点（Applied Fluids Engineering Inc. et al.，2008；Tappin et al.，2008；Watts et al.，2003；Walder et al.，2003）。因此在利用 FAST 平台构建浅水滑坡涌浪模型的关键点在于在涌浪源模块中建立相应的、合理的涌浪源模型，前处理、传播和淹没计算与后处理皆可由 FAST 的不同模块协同解决。

Watts（1997）经过物理试验和数值试验认为滑坡在水下的作用时间 t_0 是涌浪的产生时间。同时，在涌浪产生期间，扰动的水体波能以势能为主，扰动区外水体的动能较小。只有在涌浪产生之后的传播阶段，外围水体的动能、势能才开始变得显著。因此，在 $t = t_0$ 时刻，只需关注扰动区的自由液面。由于波形和波速与滑块完全淹没产生的涌浪类型一致，可利用 Fortran 语言，编译浅水区滑坡涌浪源模型。由波高函数和波长函数可形成初始的波浪液面势能场，波速用来建立初始涌浪波的运动场。初始涌浪源的主要控制方程为

$$\frac{a}{h_0} = 0.948 \left(\frac{u_{\mathrm{m}}}{\sqrt{gh_0}} \right)^{0.071} \left(\frac{W_{\mathrm{s}}}{h_0} \right)^{0.676} \left(\frac{T_{\mathrm{s}}}{h_0} \right)^{1.041} \left(\frac{l_{\mathrm{sw}}}{h_0} \right)^{-0.545} \left(\frac{l_{\mathrm{sw}}}{L_{\mathrm{s}}} \right)^{0.464} \tag{4.7}$$

$$\lambda = 163.29 \left(\frac{u_{\mathrm{m}}}{C} \right)^{0.282} \left(\frac{W_{\mathrm{s}}}{h_0} \right)^{-0.387} \left(\frac{l_{\mathrm{sw}}}{h_0} \right)^{0.078} \left(\frac{T_{\mathrm{s}}}{h_0} \right)^{0.174} \tag{4.8}$$

式中：$\dfrac{u_{\mathrm{m}}}{\sqrt{gh_0}}$ 为相对速度；$\dfrac{W_{\mathrm{s}}}{h_0}$ 为相对宽度；$\dfrac{T_{\mathrm{s}}}{h_0}$ 为相对厚度；l_{sw} 为滑块淹没长度；$\dfrac{l_{\mathrm{sw}}}{h_0}$ 为滑动冲击角度正弦值；$\dfrac{l_{\mathrm{sw}}}{L_{\mathrm{s}}}$ 为淹没度；C 为涌浪传播速度，m/s；λ 为波长，m；a 为首浪最大波幅，m。

计算时假定河面为静止状态，涌浪波的能量完全由岩土体能量传递而来，且完全由初始涌浪源控制。在计算时一般假定初始涌浪波的形成时间 t_0 就是崩滑体停止运动的时间 t_{s}。当 $t=t_0$ 时，河面形成初始涌浪波，其波幅为 a，波长为 λ，具有一定的势能和动能。此后，滑坡涌浪开始进入河道传播阶段。

浅水区滑坡涌浪除了冲击产生的涌浪效应外，还有体积侵占效应不能忽视。由于河道水体浅，岩土体入水侵占了河道水体的大量体积。这种侵占量大，不能被忽略，浅水滑坡造成的体积侵占效应要考虑。在数值计算中，这种侵占效应可以采用滑动后的地形

来完美表现。这也就是说，在新建的浅水滑坡涌浪模型中采用的计算地形网格为滑动后的河道地形，利用这一方法完美解决了河道体积侵占效应。

浅水滑坡涌浪模型能对河道涌浪的产生、传播和爬高进行模拟，对涌浪形成时伴随的高速水舌并不能进行模拟计算，而高速水舌拍打在对岸斜坡后也会造成巨大伤害。因此仅采用浅水滑坡涌浪模型估算涌浪产生区危害范围时可能会出现一定偏差，需要利用式（4.9）综合分析滑坡入水附近的涌浪灾害。

$$\frac{H_{\mathrm{j}}}{h_0} = 12.722 \left(\frac{W_{\mathrm{s}}}{h_0}\right)^{0.403} \left(\frac{u_{\mathrm{m}}}{\sqrt{gh_0}}\right)^{1.349} \left(\frac{T_{\mathrm{s}}}{h_0}\right)^{1.037} \left(\frac{L_{\mathrm{s}}}{h_0}\right)^{-0.929} \tag{4.9}$$

由于使用布西内斯克模型的计算液面是统一高程的，构建的浅水滑坡涌浪模型使用范围为大面积的水库流域或流速落差较小、小范围的自然河流段。同时，由于回归分析来源于试验数据，其弗劳德数界限为0.61～2.00。实际滑坡涌浪弗劳德数不在该范围的，利用本浅水滑坡涌浪模型分析可能造成计算不准确或错误。

4.3 案例分析及数值模型有效性验证

将千将坪滑坡作为典型案例，是因为其涌浪数据资料稍翔实，且已有其他方法研究过该滑坡涌浪情况。将千将坪滑坡作为浅水滑坡涌浪案例进行简要分析，来验证新建浅水滑坡涌浪模型的有效性。

涌浪计算区的地形数据主要采用1∶10 000矢量化的地形图，千将坪河床高程约为95 m，综合以上地形数据形成计算地形。图4.11展示了计算区地形地貌三维情形，计算区内有长江、青干河、归州河等长江干流和支流，地形复杂多变。计算域东西长约18.6 km，南北长约11.8 km。千将坪滑坡破坏时，库水位为135 m，计算复演当时的滑坡涌浪。采用26 m×26 m的栅格将计算域划分为716列、456行。千将坪滑坡失稳后的滑坡堰塞地形在涌浪计算中被当成固定河岸处理。

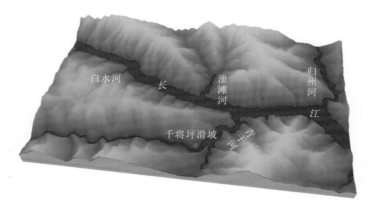

图4.11 计算区地形地貌三维示意图

千将坪滑坡滑动产生初始涌浪的输入参数见表 4.2。34.1 m 的特征波幅的波浪是当 $t = t_0$ 时浅水滑坡涌浪源提供给 FUNWAVE 的初始涌浪源。

表 4.2　浅水滑坡涌浪源主要输入参数

输入参数	L_s/m	W_s/m	T_s/m	h_0/m	l_{sw}/m	$u_m/(m/s)$
千将坪滑坡	1 000	500	35	45	150	16

根据多个水库滑坡涌浪数值模拟的计算经验，对滑坡涌浪进行 8 000 时步、每 20 时步记录一次的模拟计算，计算每一时步为 0.25 s，模拟了 2 000 s 的涌浪过程，经过 FAST 计算，获得一系列的结果文件（图 4.12～图 4.14）。从滑坡最大浪高分布图（图 4.13）来看，该滑坡形成的涌浪是以滑坡体入水处为源点迅速向四周传播的。

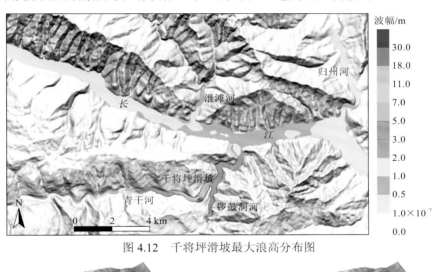

图 4.12　千将坪滑坡最大浪高分布图

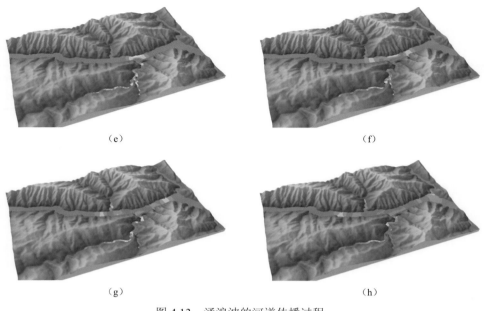

（e） （f）

（g） （h）

图 4.13　涌浪波的河道传播过程

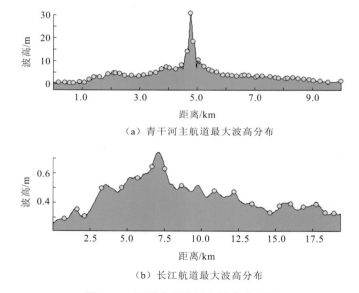

（a）青干河主航道最大波高分布

（b）长江航道最大波高分布

图 4.14　河道内涌浪最大波高分布图

涌浪模拟计算的瞬时水面波高值显示：千将坪滑坡失稳后，滑坡产生的最大涌浪为 34.1 m，对岸的最大爬高为 32.0 m。40 s 左右进入青干河支流锣鼓洞河河口，河口附近最大浪高为 4.6 m。但涌浪向上游逆流传播，至大岭斜坡附近达到锣鼓洞河内最大涌浪高度，为 6.7 m。逆流至青干河上游巴木场附近最大涌浪高度仍有 3.5 m。100 s 左右，涌浪传递至长江河口，长江与青干河河口最大涌浪高度达到 1.7 m。145 s 左右，涌浪传递至长江对岸的泄滩河,泄滩河最大涌浪达到 1 m 左右,位置在沟头。180 s 左右传递至下游的归州河河口,涌浪进入归州河内进行传递;归州河内最大涌浪高度为 0.7 m 左右。模拟终点时间 $T = 2\,000$ s 时,河道中最大浪高为 0.24 m,显示涌浪波作用过程大于 30 min。

涌浪值显示,涌浪在河道传播过程中,地形及水体对涌浪衰减放大有影响。在河口区域,一般为快速衰减效应。在小河向上游狭窄河道和水体较浅区域传播中有放大效应。

涌浪最大浪高图是根据模拟时间段内各点的最大波高值形成的,通过模拟区涌浪最大浪高分布图(图 4.14)可知,在主航道上即河流横剖面方向上,涌浪分布区域可分为急剧衰减区和平缓衰减区。急剧衰减区的涌浪波高值呈指数函数形式下降,大致分布于涌浪源上下游各 400 m 长的范围内,该区域平均 100 m 内涌浪下降高度约为 4 m。急剧衰减区是涌浪形成危害的重点区域,一般是滑坡涌浪激发地的附近水域。平缓衰减区内涌浪波高呈缓斜线形式下降,平均 100 m 内涌浪下降高度只有 0.1~0.2 m,平缓衰减区内的浪高表现为起伏型下降,该区域是滑坡涌浪危害的拓展区域,长度较长。

图 4.14 展示了 FAST/Geowave 中新增浅水滑坡涌浪模块运行的计算结果。千将坪滑坡产生的最大浪高为 38.8 m,最大爬高为 36.7 m。利用式(4.9)计算了千将坪滑坡产生的水舌最大高度为 45.2 m。图 4.15 显示野外观测值、以往利用 N-S 方程计算的计算值(Yin et al.,2015b)与本次布西内斯克计算值高度相似,N-S 方程计算值与本次的计算值相关性达到 0.97,数值平均相差 13%。浅水区滑坡涌浪模型的计算值与野外观测值相差约为 ±2 m,非常接近。浅水滑坡涌浪源模型再现了支流锣鼓洞河内也存在较大的涌浪灾害,这和当时有船只在该支流内翻沉的现象吻合。特别的是,计算结果显示长江对岸的泄滩河和归州河也受滑坡涌浪的影响,河道局部有近 1 m 的浪高,这也与实际目击者反映吻合。

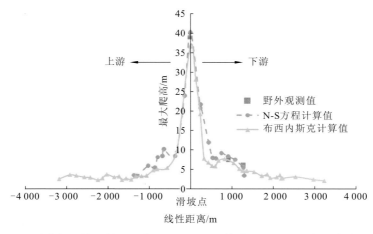

图 4.15 千将坪滑坡野外观测值、N-S 方程计算值和布西内斯克计算值对比图

与 N-S 方程计算结果的吻合,说明浅水滑坡涌浪源模型在涌浪计算的水动力方面有较好的精度。优于 N-S 方程的是,在目前计算资源条件下,浅水滑坡涌浪源模型可以更高效地解决长距离、大范围的流域涌浪灾害问题。

4.4   浅水区滑坡涌浪模型预测应用实例

浅水区滑坡涌浪一般位于支流中。在对三峡库区九畹溪支流进行地质灾害调查时，发现了棺木岭危岩体。2017年7月在三峡水库水位降至146 m时，利用多手段、多方法对棺木岭危岩体进行调查确定，发现原水下危岩体基座附近已被剥蚀、掏蚀成空腔，岩腔深度接近危岩体厚度的1/2，基座岩体压裂破碎严重，危岩体已进入临崩状态。该崩塌隐患点位于三峡库区秭归县九畹溪支流漂流码头对岸，威胁对象为对岸的漂流码头、船只及游客，危害形式以滑坡涌浪为主。采用浅水区滑坡涌浪模型对潜在涌浪灾害进行了预测分析。

4.4.1   棺木岭危岩体简介

棺木岭危岩体位于三峡库区秭归县九畹溪支流左岸，距九畹溪入长江口长度约1.2 km，恰好位于九畹溪旅游下客码头的对岸。危岩体斜坡处于两条支沟夹持的东西向山脊前缘，此处三面临空，发育为陡崖（图4.16）。中部崖顶最高高程为263.7 m，北侧

（a）棺木岭危岩体位置图

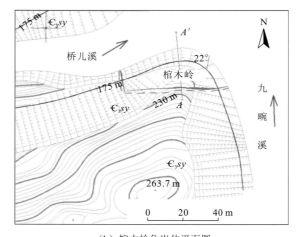

（b）棺木岭危岩体平面图

图4.16   棺木岭崩塌隐患点位置图

为桥儿沟，南侧为和平沟，东侧为九畹溪。棺木岭危岩体位于桥儿沟与九畹溪交汇处，东、北两侧临空。桥儿溪下方沟谷高程约为110 m，东侧九畹溪河床高程约为66 m。

危岩区出露的地层主要为上寒武统三游洞组（$\mathsf{\varepsilon}_3 sy$）厚层白云岩夹薄层硅质白云岩，局部含泥质条带，岩层产状为280°∠22°。从岩性在东临空陡崖上的分布情况来看，高程195 m以上为厚层白云岩，高程155～195 m为中薄层泥质条带白云岩，构成危岩体主体，150～155 m为薄层状泥质白云岩中间夹一层厚层白云岩，构成危岩体基座，150 m以下为中薄层泥质条带白云岩（图4.17）。

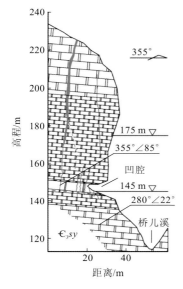

图 4.17　棺木岭危岩体剖面图

图 4.18　棺木岭危岩体的全景照片（拍摄于
2017 年 7 月，水位 146 m）

危岩体的南侧（后缘）裂隙在东侧崖壁面上清晰可见，裂隙产状为355°∠85°，裂面平直，与北临空崖面和桥儿溪近平行。裂隙分布高程为155～225 m，张开宽度为10～100 cm，可见延伸高度为70 m，可见深度为2～5 m。裂缝顶部岩体明显拉裂破坏，裂缝延伸至底部薄层泥质白云岩。危岩体的西侧边界裂隙产状为275°∠70°，与东临空崖面和九畹溪近平行，裂面较平直，溶蚀明显，分布高程为140～182 m，张开宽度为5～90 cm，上窄下宽，可见深度为3 m，可见延伸高度为30 m。

由于上述两组裂缝近直角相交、贯通，岩体脱离母岩，形成危岩体（图4.18）。三维激光扫描测绘表明，在东侧崖壁上危岩体后缘最高高程为225 m，基座最低高程为150 m。裂缝控制岩体高度为40～80 m，宽度为50 m，厚度为15～23 m，危岩体体积为5×10^4 m³。危岩体呈不规则板柱状，主崩方向主要受后缘南侧裂缝控制，可能失稳方向为355°。

同时危岩体自身上发育约10条大小不一的纵向裂缝，较多纵向裂缝的张开部分在基座岩体，延伸至危岩体后为闭合状态。有约4条纵向裂缝延伸至危岩体顶部。

　　据调查访问，危岩体下方发育一套含泥质条带的薄层泥质白云岩夹一层厚1.0 m的白云岩，易风化，沿层面形成高5～8 m的岩腔（图4.19），长60余米，最大深度达12 m，使上部危岩体近1/2悬空。岩腔顶部薄层泥质白云岩向内掏蚀近50 cm。同时危岩体基座岩体5～8 m厚度范围内，压裂破碎严重，局部可见新鲜断面，岩体向外鼓胀。这说明危岩体在近期处于变形之中（图4.20）。

图4.19　棺木岭危岩体基座凹腔照片　　　　图4.20　棺木岭危岩体基座压裂照片

　　由于凹腔的存在和基座岩体的压裂，危岩体沿后缘拉裂，向外倾倒破坏。随着凹腔的扩展和基座岩体的进一步破碎，整体倾倒的可能性也进一步增加。由于多条纵向裂缝和岩层面的存在，当出现倾倒破坏时，岩体会解体，出现以倾倒-坠落为主的解体破坏形式。

　　同时，从棺木岭当前的工程地质现象来看，棺木岭崩塌隐患点整体边界切割清晰，基座岩体处于类似单轴抗压状态（危岩体重力为压力来源），基座岩体处于压裂状态。由于临空基座岩体的压致挤出效应（这也可能是基座凹腔的形成原因），棺木岭基座实际处于偏心受压状态。偏心受压既造成基座岩体受压不均，也造成危岩体力的传递不均，这使基座岩体接近趾部区域的破碎程度高于踵部，也使危岩体纵向裂缝进一步发展，有解体崩塌的可能性。由此可见，在重力作用下基座岩体可能会被压溃，基座岩体的逐步压裂破坏会造成危岩体纵向裂缝的进一步发展，以及基座岩体的压裂和凹腔的进一步扩大，危岩体可能会呈现复杂的滑移-倾倒-坠落的崩塌破坏。这一可能的变形破坏机理与巫峡的箭穿洞危岩体极为相似。箭穿洞危岩体也是塔柱状，基座为碎裂的泥质条带灰岩（Yin et al.，2015c）。

　　与三峡库区大多数新发现的危岩体或需要重新认识的危岩体类似，棺木岭危岩体也受库水位周期性波动造成的消落带岩体劣化影响。本危岩体大部分处于水位变动带（包括基座部分），周期性饱和浸泡—风干曝晒循环加速了岩体劣化和力学强度的衰减，压裂变形加剧，加速了危岩体变形，同时浪蚀作用使基座破碎岩体逐步掏空，使上部岩体悬空度加大，增加了其崩塌的危险性。大量干湿循环试验显示，经过20次干湿循环后，岩石的抗压强度将下降15%～25%。这也就是说，多次水位波动后，基座岩体更易压裂，这将极大地加速危岩体变形破坏进程。

　　九畹溪内风景秀丽，河流水力坡降大，是三峡库区著名的风景点。旅游旺季时，每3～6 min就有一艘满载游客的画舫船经过此河段，并停靠在棺木岭隐患点对面的旅游码头。该危岩体距离九畹溪旅游码头仅有约215 m。棺木岭失稳形成的涌浪将对游客和码头安全形成极大的威胁（图4.21）。

图 4.21　棺木岭危岩体的威胁对象

4.4.2　棺木岭崩塌可能产生的涌浪分析

地形主要采用1∶10 000地形图，河床高程为给定的平均高程值，棺木岭附近河床高程为70 m，综合形成计算地形。模拟计算区域长约9 200 m，宽约6 000 m，利用60 m×60 m的网格划分为155列、101行。计算区域内长江呈"L"形展布，长约6.9 km。计算区内九畹溪总体呈南北向展布，长约8.2 km。计算区地貌为典型"V"形峡谷地貌，山高水深，水力坡降大，河道蜿蜒。九畹溪上游的河谷非常狭窄，大多河面宽度在100 m左右（175 m水位时）。计算域内包括的主要居民点有棺木岭崩塌隐患点对面的旅游码头接待站。

由于计算资源和时间有限，没有进行更长距离的涌浪传播计算。根据以往的计算经验，该计算域已经包括急剧衰减区和至少5 km的平缓衰减区，而且包括了较长距离的干流区域。更长距离的模拟极大地增加了计算资源；更长时间的模拟需要长时间的计算和更大的计算内存，但只是模拟了更长时间水波的荡漾和小波幅的波浪（小于0.5 m的波浪），必要性不强。因此，采用这个9 200 m×6 000 m的计算域可以满足棺木岭危岩涌浪的预测工作（图4.22）。

每个时步计算一个河面状态，前一个河面状态为后一个河面计算的初始状态，最开始的河面状态为涌浪源波浪场和原始河面控制。计算过程中，根据波浪理论，当波陡（波幅与半波长比）大于7时，该波浪发生波破，波浪坍塌至波陡小于7。河岸网格设置容许地表水体在陆地上传播，当波峰传来时，地表水体沿着河岸水跃爬坡。河道的两侧计算边界处理为由10个节点组成的海绵式流出边界，该边界吸收波能，缓慢减少波浪的波高，直至0。该类型边界效应造成波在河道流出边界发生部分折射，影响边界附近20倍节点间距的河道（约200 m），波高计算有误差。

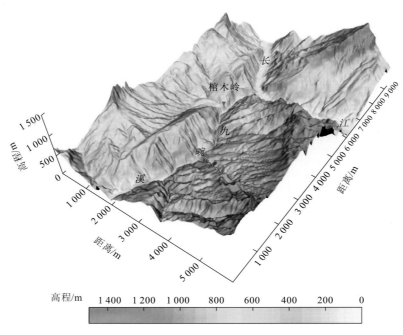

图4.22　棺木岭危岩体潜在涌浪计算域地貌三维展示图

根据棺木岭危岩体的几何形态，假定其坐滑后部分浸没，采用浅水区滑坡涌浪源模型进行滑坡涌浪数值计算。输入参数为滑坡的几何特征、运动特征、入水河道特征和计算区域地形测深图。计算工况为145 m水位和175 m水位。

根据4.4.1节调查分析的棺木岭危岩体的几何参数和运动参数，该危岩在145 m和175 m水位工况下坐滑后产生的初始涌浪的输入参数和初始涌浪场输出参数见表4.3。

表 4.3　棺木岭涌浪源输入输出参数表

工况条件	145 m	175 m
入水体积/m³	50 000	50 000
入水速度/（m/s）	25.2	15.3
入水处水深/m	30	60
崩滑体淹没长度/m	22	45
崩滑体总长度/m	50	50
崩滑体厚度/m	20	20
崩滑体宽度/m	50	50
入水处河面宽度/m	30	60
失稳方向/（°）	355	355

计算每时步为0.46 s，计算5 000时步，共模拟2 300 s（38 min）的涌浪过程。经过FAST计算，得到了一系列的结果文件。

1. 145 m 水位工况

从145 m瞬时水面图来看，涌浪以棺木岭危岩体入水处为源点迅速向四周推进（图4.23）。在推进过程中的$T = 14$ s时，形成24.2 m的最大涌浪，而后在14.6 s时冲上了对岸，在对岸最大爬坡高度达到19.9 m。由于失稳方向为355°，而九畹溪河道近南北展布，涌浪的传播与衰减受这一方向关系影响严重。在入水处下游方向（与失稳方向同向）涌浪影响范

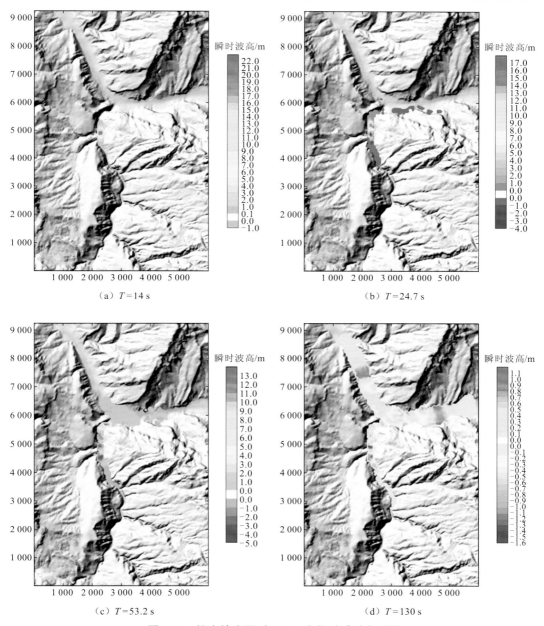

　（a）$T = 14$ s　　　　　　　　　　　　　　（b）$T = 24.7$ s

　（c）$T = 53.2$ s　　　　　　　　　　　　　（d）$T = 130$ s

图 4.23　棺木岭坐滑后 145 m 水位时瞬时水面图

围大且传播衰减小，在入水处上游方向（与失稳方向反向）涌浪衰减快且影响范围小。$T=24.7\,s$时，最大涌浪传递至棺木岭上游对岸旅游码头，最大涌浪爬高为16.7 m。$T=53.2\,s$时，最大涌浪波抵达九畹溪入长江口，浪高10.2 m。80.7 s后，最大涌浪到达入长江口对岸，浪高3.0 m。涌浪出长江口后，以长江口为源，向长江上下游传播。$T=160\sim180\,s$时，最大涌浪抵达长江上游路口子附近，涌浪爬高为0.6~1.1 m。$T=130\sim140\,s$时，涌浪抵达长江下游九曲脑附近，涌浪爬高为1.0~1.6 m。在九畹溪上游方向则衰减非常快，当$T=92\,s$最大涌浪传递至上游最近的第一个河流转弯处（上游1 km）时，涌浪下降至0.8 m。

通过涌浪最大浪高分布图（图4.24）和涌浪深泓线最大波高图（图4.25、图4.26）可知，在九畹溪河道上，涌浪的浪高严重不均衡，下游涌浪强度明显高于上游。在长江河道上，以九畹溪口为扰动点，向上下游衰减，衰减近似平缓。在九畹溪上游存在着非常明显的急剧衰减区，急剧衰减区呈断崖形式下降，在不到500 m内涌浪下降高度近20 m，其原因是滑动方向与这一方向完全不一致，没有直接的涌浪传递过来，同时危岩体上游的河道弯曲且变狭窄，这些都导致涌浪能量的衰减，使之不易传播进来。在入水点的下游，由于滑动方向一致于河道，涌浪衰减率非常有限，1 500 m长河道衰减约15 m，是涌浪危害航道的重点区域。在长江航道上2.5~3.0 km河道衰减约1.5 m，可视为平缓衰减区。

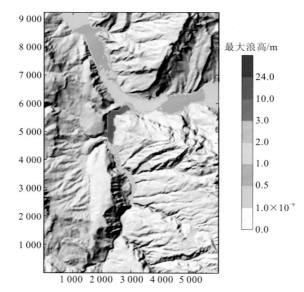

图4.24　2 300 s时段内河道各点涌浪最大浪高分布图

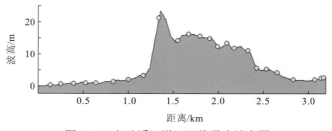

图4.25　九畹溪河道深泓线最大波高图

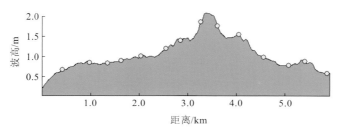

图4.26　长江主河道深泓线最大波高图

　　由于水波传播的方向性，水波折射、反射和它们的叠加作用，沿程河道中的波高并非呈简单单一下降趋势和对称性的下降趋势，而是一个复杂的波变化衰减过程。

　　由于国内尚无内河航道针对涌浪进行航运预警管理的方法，在此借鉴国家海洋局发布的《风暴潮、海浪、海啸和海冰灾害应急预案》对内河航道进行涌浪风险预警分区（图4.27）。根据这一预案，对本次涌浪事件的航道风险预警区进行了划分。从图4.27中可见长江部分主航道、九畹溪部分船只旅游线路、九畹溪旅游码头在这次涌浪事件中处于红色—橙色预警区，因此明显存在船只和居民财产安全受危害的风险。

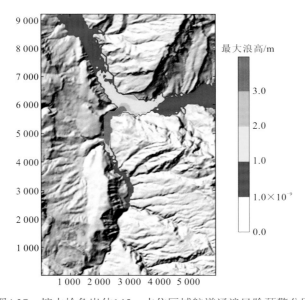

图4.27　棺木岭危岩体145 m水位区域航道涌浪风险预警分区

　　红色预警区的范围包括棺木岭危岩体上游300 m，下游1 400 m，共1 700 m长主河道范围。在上游和下游的冲沟内，由于地形变窄，涌浪放大效应，而存在局部红色预警区，长江九畹溪口对岸也存在局部红色预警区。橙色预警区分布较少，主要分布在红色预警区主河道的外围和长江九畹溪口下游附近，长约900 m。计算域内长江航道除橙色预警区外，大量河道处于黄色预警区，其最大浪高都大于1 m，长约2.8 km。

2. 175m 水位工况

从175m瞬时水面图来看，涌浪以棺木岭危岩体入水处为源点迅速向四周推进（图4.28）。在推进过程中的 $T=14$ s时，形成23.3 m的最大涌浪，在对岸最大爬坡高度达到11.6 m。由于失稳方向为355°，而九畹溪河道近南北展布，涌浪的传播与衰减受这一方向关系影响严重。在入水处下游方向（与失稳方向同向）涌浪影响范围大且传播衰减小，在入水处上游方向（与失稳方向反向）涌浪衰减快且影响范围小。 $T=18.65$ s时，

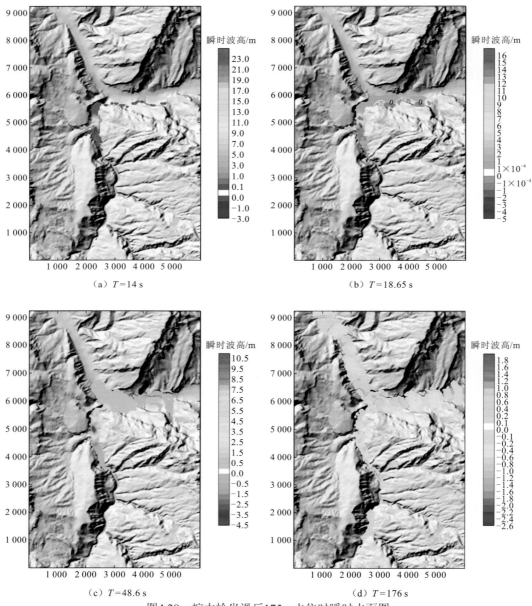

（a） $T=14$ s　　　　　　　　　　　　　　（b） $T=18.65$ s

（c） $T=48.6$ s　　　　　　　　　　　　　　（d） $T=176$ s

图4.28　棺木岭坐滑后175m水位时瞬时水面图

最大涌浪传递至棺木岭上游对岸旅游码头，最大涌浪爬高为14.5 m。$T = 48$ s时，最大涌浪波抵达九畹溪入长江口，浪高11.1 m。80 s后，最大涌浪到达入长江口对岸，浪高3.1 m。涌浪出长江口后，以长江口为源，向长江上下游传播。$T = 176$ s时，最大浪抵达长江上游路口子附近，涌浪爬高为0.6～1.1 m。$T = 122$ s时，涌浪抵达长江下游九曲脑附近，涌浪爬高为1～1.6 m。在九畹溪上游方向则衰减非常快，当$T = 85$ s最大涌浪传递至上游最近的第一个河流转弯处（上游1 km）时，涌浪下降至1.7 m。

通过涌浪最大浪高分布图（图4.29）和剖面图（图4.30～图4.31）可知，175 m 水位与 145 m 水位类似，在九畹溪河道上涌浪的浪高严重不均衡，下游涌浪强度明显高于上游。与 145 m 水位工况一样，在九畹溪上游存在着非常明显的急剧衰减区，急剧衰减区呈断崖形式下降，在不到 300 m 内涌浪下降高度近 17 m。在入水点的下游，由于滑动方向一致于河道，涌浪衰减率非常有限，约 2 km 长河道衰减约 17 m，是涌浪危害航道的重点区域。在长江航道上 3.5 km 河道衰减约 2 m，可视为平缓衰减区。

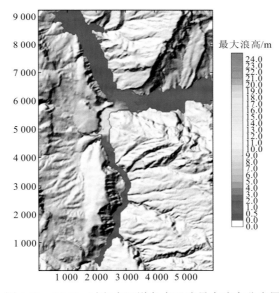

图4.29　2 300 s 时段内河道各点涌浪最大浪高分布图

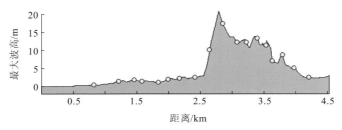

图4.30　九畹溪河道深泓线最大波高图

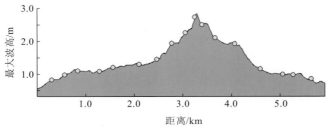

图4.31　长江主河道深泓线最大波高图

175 m水位工况下长江部分主航道、九畹溪部分船只旅游线路、九畹溪旅游码头在这次涌浪事件中处于红色—橙色预警区（图4.32），因此明显存在船只和居民财产安全受危害的风险。

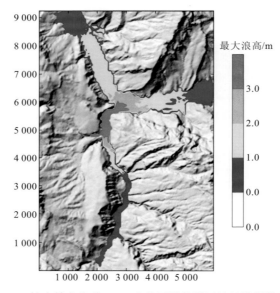

图4.32　棺木岭危岩体175 m水位区域航道涌浪风险预警分区

红色预警区的范围与145 m工况类似，包括棺木岭危岩体上游300 m，下游1 400 m，共1 700 m长主河道范围。在上游和下游的冲沟内，由于地形变窄，涌浪放大效应，而存在局部红色预警区；长江九畹溪口对岸也存在局部红色预警区。橙色预警区分布较少，主要分布在红色预警区主河道的外围和长江九畹溪河段附近，长约900 m。计算域内长江航道除橙色预警区外，与145 m水位时相比，更长的河道处于黄色预警区，其最大浪高都大于1 m，长约4 km。

基于水波动力学的
水下滑坡涌浪

　　河谷坡脚的滑坡由于水库大幅蓄水后,可能成为水下滑坡。水下滑坡的滑动也可能产生涌浪,其作用机理类似于水上滑坡涌浪。由于可能产生灾难性海啸,水下滑坡被认为是局地和区域尺度上最具危险性的海洋地质灾害类型。一些大型水库蓄水后,大型、巨型滑坡大部分体积被淹没,其滑动产生的涌浪值得关注。

　　由于很少有水下滑坡产生涌浪的实例观察数据,物理试验方法成为研究水下滑坡涌浪产生的重要途径。对于水下滑坡的研究,更多的学者关注的是水下滑坡涌浪,而不是山区水下滑坡涌浪。水下滑坡涌浪物理试验可以根据试验目的不同,试验分析内容各有侧重。一些学者利用物理试验来验证数值方法的有效性,一些学者则利用物理试验研究涌浪的形成与其他因素的关系。Mohrig 等(1999)利用超声波影像仪开展了海底碎屑流的观察。Coulter(2005)通过一系列离心机试验研究了水下细沙斜坡的临界稳定坡角。Vendeville 等(2003)利用一个倾斜斜坡,累计性增加流体压力,调查了孔隙水压力、斜坡坡角在诱发海底物质运动中的作用。但在可变形滑体产生涌浪方面,较少见文献;其原因在于很难不扰动水体而诱发或启动松散体。目前水下滑动物理试验多采用刚性体来概化变形体。例如,采用半椭圆形的刚性滑体,Watts 等(2003)、Grilli 等(2002)进行了大量水下滑坡的物理试验,并从试验数据中归纳了水下滑坡涌浪形成初期的初始涌浪场公式。利用粒子成像测速(partide tracking velocimetry,PTV)和激光诱导荧光(laser induced fluorescence spectroscopy,LIF)技术测量了低弗劳德数(0.125~0.375)水平滑动造成的涌浪场,低弗劳德数滑动下离岸和向岸传播能量相近。Sue 等(2011)在水槽中让厚长比为 0.052 的半椭圆形滑块滑下 15° 的斜坡,分析了波谷、波峰、爬高与滑动过程、初始水深的关系。Risio 等(2009a)在锥形岛上滑下半椭圆形的刚性滑体,仔细研究了滑体产生的涌浪对海岛的淹没情况。总体来看,国外水下滑坡涌浪试验稍多,而国内较少做相关基础研究。

　　本章首先开展水下滑坡涌浪概化物理试验,总结水下滑坡初始涌浪特征,构建水下滑坡涌浪源模型,利用溪洛渡干海子滑坡进行模型应用分析。

5.1　水下滑坡涌浪源特征

5.1.1　水下滑坡涌浪物理模型

　　本次水下滑坡产生涌浪物理模型试验主要进行基础性研究。以概化性的物理试验来开展试验。以涌浪的产生及首浪为主要研究对象,研究水下滑坡几何尺寸(包括长度、宽度、厚度)、滑动面倾角等因素对涌浪首浪高度的影响,为相关试验公式的修订或推荐提供基础资料。

1. 水下滑坡模型设计

模型依据重力相似准则设计为正态模型。建立模型试验水池,试验水池布置见图 5.1。

水池长 8.5 m，高 1.5 m，宽 5.5 m。水池水深 100 cm，滑坡质点水深为 27～53 cm。水下滑坡设备及滑块完全淹没于水下，放置在水池中，稍远离水池固壁。

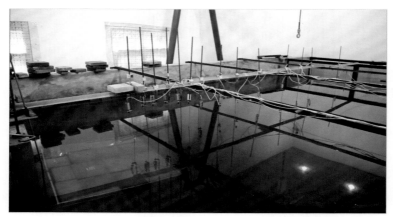

图5.1　试验水池布置图

水下滑坡模型采用概化的长方体形状进行模拟，按比重相似进行设计与制作。小型滑块由混凝土捣制成型，滑坡由大量滑块拼装而成，拼装在定制木板盒中。滑坡体有不同的几何尺寸和体积，按照长、宽和厚的正交试验设计而来。

2. 滑动装置

试验中采用人工提拉挂钩的方式实现滑块在滑床上的静停和释放；释放后，滑块在水中的加速、减速和停止等滑动过程是完全自由运动。滑动设备装置见图5.2。滑床为间隔铺设的滚轴，通过调节高度和水平长度来进行角度的变化。滑动设备长2.3 m，宽1.6 m。滑动设备的升降高度为0.5～2.0 m，滑床倾角可调范围为0～30°。滑床顶端安装固定挂钩，制动滑块。滑床由23根滚轴组成，形成摩擦力较小的滑床，使滑块能在水下启动。

图 5.2　滑动设备装置图

3. 量测系统

试验中测量波浪高度的仪器是珠江水利科学研究院的LG-2型波高仪，本次试验中共布置14个波高监测点。波高监测点在滑动的中轴线上分布，波高仪G2～G19分布图见图5.3。姿态仪、波高仪、照相机等相关硬件的性能和设置与4.1节一致。

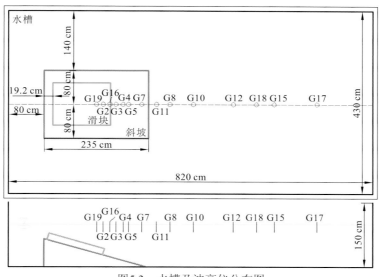

图5.3　水槽及波高仪分布图

4. 试验设计

水下滑坡产生涌浪显然受滑块的几何尺寸、水深、滑动角度和滑动速度等因素控制。Colin 等（2015）认为滑坡所处水下深度会影响产生的波幅和波长，但是基本不会影响波场表现。因此，本书的水槽水深限定为 1m，但每组试验中滑块质心所处的初始水深是变化的。由于滑块大小差异和所处的斜坡倾角的差异，滑块的速度也是变化的。由此，本次水下滑坡涌浪试验设计变化因素包括滑体长度（110～140 cm）、滑块宽度（100～130 cm）、滑块厚度（10～25 cm）及滑动面倾角（10°～16°）、滑块质心水深、滑动速度等。本次水下滑坡涌浪试验，取 4 因素 4 水平，采用正交试验设计，试验选用 $L_{16}4^4$ 正交表。试验按照正交设计表进行设计（表 5.1）。这些变量中质心水深和滑动速度为非独立变量，且速度为试验后实测值。每组试验开展 3 次试验，3 次试验均为相同的设计输入条件。表 5.1 列了前 4 个独立变量和 1 个非独立变量。

表 5.1　水下滑块试验各因素水平模型值

序号	滑块长度/m	滑块宽度/m	滑块厚度/m	滑动面倾角/(°)	滑块质心水深/m
1	1.10	1.00	0.05	10	0.51
2	1.10	1.10	0.10	12	0.42
3	1.10	1.20	0.15	14	0.34

序号	滑块长度/m	滑块宽度/m	滑块厚度/m	滑动面倾角/（°）	滑块质心水深/m
4	1.10	1.30	0.20	16	0.27
5	1.20	1.00	0.10	14	0.38
6	1.20	1.10	0.05	16	0.35
7	1.20	1.20	0.20	10	0.44
8	1.20	1.30	0.15	12	0.41
9	1.30	1.00	0.15	16	0.32
10	1.30	1.10	0.20	14	0.34
11	1.30	1.20	0.05	12	0.47
12	1.30	1.30	0.10	10	0.50
13	1.40	1.00	0.20	16	0.41
14	1.40	1.10	0.15	10	0.53
15	1.40	1.20	0.10	16	0.36
16	1.40	1.30	0.05	14	0.43

5.1.2 水下滑坡产生的初始涌浪形成特征

当滑块启动沿着倾斜的滑道滑动后，水面随即开始波动起来，涌浪开始形成。因此，水下滑坡产生涌浪的过程包括滑块运动和水面波动，二者缺一不可。滑块运动是静止水面的扰动源和水体能量的来源，水面波动是涌浪的表现形式。

1. 滑块的运动过程特征

滑块的运动将能量传递给水体，造成水体波动，因此滑块的运动是涌浪产生的能量来源，滑块的运动是涌浪的关键影响因素。本次水下滑坡涌浪试验中，滑道采用了滚轴的形式来减少摩擦力，以便滑块在低角度、自重工况下能够自主下滑。但由于滚轴的可能安装工艺缺陷、滚轴小的滚动摩擦力的存在和底板混凝土强摩擦力，整个运动过程的滑道存在摩擦力，且不同段摩擦力还存在较大差异。根据 Hall 速度计的姿态数据可解算各向速度和发生的位移。

以 9 号、10 号、11 号、14 号的某个试验为例，大致可以看出本次水下滑坡涌浪物理试验中滑块的运动过程和特征。从图 5.4 可见，在滑动运动中，滑块的加减速度段分界明显。z 方向上的运动速度较小，以起伏状的速度过程为主。图 5.4 的 9 号、10 号、11 号、14 号试验 x 方向运动曲线规律性较明显，可分为三个阶段。

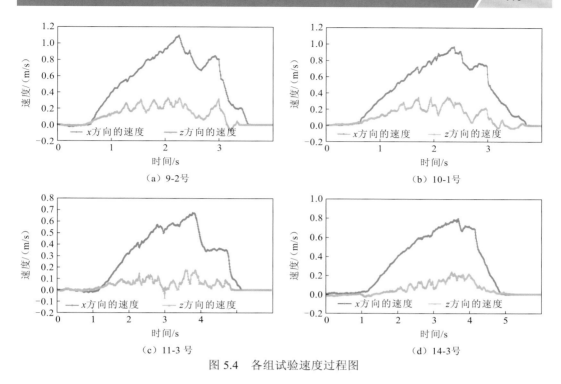

图 5.4　各组试验速度过程图

（1）加速阶段。滑块启动后即进入加速运动阶段，由于滑道为滚轴，滚轴的滚动摩擦系数不一致，还存在滚轴略有起伏等安装工艺缺陷。同时，由于水对滑块的拖曳力与滑块的运动姿态和速度有关，水的阻力在这一阶段也并不一致。因此，加速阶段滑块的加速度并不相同。在这些试验中，几次加速阶段中还存在极短暂的缓加速或减速。

（2）急剧减速阶段。滑动速度达到峰值后开始迅速进入急剧减速阶段。在这一阶段减速度有的近乎相同（如 11-3 号试验），有的则表现为几次减速度中存在着极短暂的缓加速。

（3）再次加速—减速阶段。在图 5.4 四个运动曲线中都存在再次加速后进入快速减速阶段的现象。这个阶段有的非常清楚，如 9-2 号试验；有的则与急剧减速阶段近乎融合在一起了，如 14-3 号试验。

由于滑动距离的长短不一，滑动角度的大小不一，滑块运动速度不一。由于物理试验的随机性，每组输入条件一致的试验中，试验得到的滑块滑动最大速度并不完全一样。48 次试验中，滑块最大的滑动速度为 0.5～1.5 m/s。将 3 次试验中最大滑动速度最离散的去掉，剩余 2 组取平均值作为该组试验的最大运动速度。

2. 滑块-水体耦合作用过程

在滑道的上方沿滑动方向依次布置了 G19、G2、G16、G3、G4、G5、G7、G11、G8、G10、G12、G18、G15 和 G17 14 个波高仪，其中 G10 之前的波高仪位置与滑块的运动路径是重叠的。利用这些波高仪和运动路径可以分析滑块-水体的耦合作用过程。

从滑块的运动特征可知，当滑块完全在滚轴斜面上滑动时，滑块持续加速，当一端进入混凝土地面后开始减速（图 5.5）。图 5.6 列举了 3-1 号、5-1 号、8-1 号和 13-1 号试验的瞬时液面图，图中同时展示了液面对应的滑块位置。瞬时液面是根据具有最大波谷特征水位过程线的 1/4 周期、1/2 周期、3/4 周期和完整周期时间等五个时间段进行绘制的。瞬时液面表达了某个时间水池中的液面情况。$T=0$ 时一般为滑块未动，水面静止。但实际试验中水面很难彻底平静，一般仍有小的波动。滑块启动后，水面也随即开始波动。试验中，滑块的运动从开始到停止在 3～4 s。一般这个时间超过了具有最大波谷特征水位过程线的第一个周期时间，超过 0.5～1.0 s。也就是说，滑块运动还没结束，初始涌浪已经形成，并开始传播。这意味着初始涌浪形成早于滑块停止。

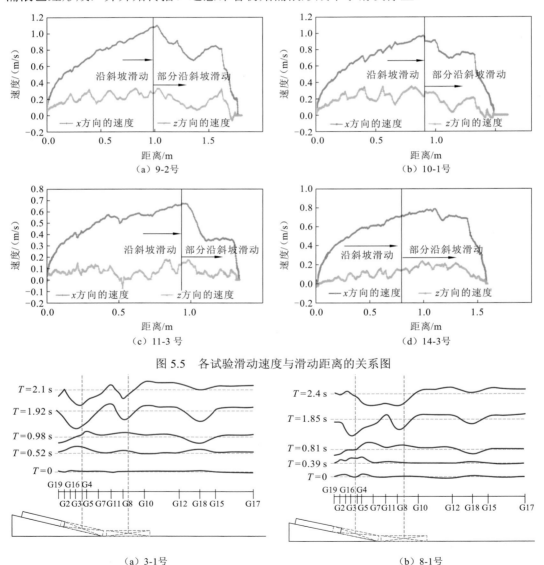

（a）9-2 号　　（b）10-1 号　　（c）11-3 号　　（d）14-3 号

图 5.5　各试验滑动速度与滑动距离的关系图

（a）3-1号　　　　　　　　　　（b）8-1号

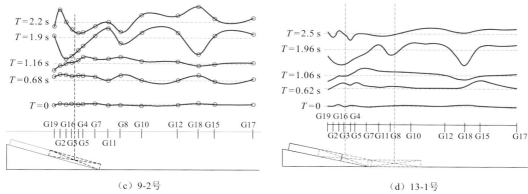

（c）9-2号　　　　　　　　　　　　　（d）13-1号

图 5.6　滑块停止位置与瞬时液面对应关系图

但有意思的是，尽管滑块运动时间和具有最大波谷特征水位过程线的第一个周期时间上有差异，但空间位置上却对应很好。也就是说，第一个波谷（也是最大波谷）的位置位于以转折点为末端的滑块质心点附近。第二个波谷（基本为第二大的波谷）位于滑块停止的质心位置附近。这个对应性意味着第一个波谷位置对应于滑块最大速度的位置；第二个波谷位置对应于滑块停止的位置。但第二个波谷的形成时间早于滑块停止时间，两者只是个空间位置有重叠，形成时间并不重叠；其意义不明显。而第一个波谷的形成时间与滑块最大速度的形成时间基本是一致的，第一个波谷的空间位置和时间与滑块的最大速度及位置完全重叠，因此第一个波谷（最深的波谷）具有特殊意义。空间位置上，初始涌浪的波谷（也是最大波谷）与滑块最大速度时质心所处位置对应得较好。也就是说，初始波谷的位置位于以转折点为末端的滑块的质心点附近。同时，滑动达到最大速度的时间和波谷达到最大深度所需的时间基本对应。以 9-2 号试验数据来说，滑块到达最大速度的时间约为 1.7 s，而初始波谷达到最大的形成时间约为 1.6 s，两个时间基本是相同的。

这个特殊意义在于，滑块的最大滑动速度形成了最深的波谷。滑块滑动产生的涌浪与最大运动速度有关，其波谷最深位置应在滑动速度最大的位置。最深波谷形成后，或者说滑块达到最大运动速度后，由于水体的运动速度衰减明显，低于滑块的减速度，滑动方向上水体的运动速度高于滑块的运动速度。根据动量定理，滑块不能传递能量给水体，反而是水体会给滑块推力，造成滑块对水体的推动或拖曳力明显减少，甚至没有，滑块-水体能量交换减少或不进行转换。滑块-水体的耦合作用在滑块加速运动期间，为滑块推动水体运动；滑块急剧减速后，水体推动滑块。

由此可见，涌浪是在滑块加速阶段形成的，其位置与最大速度的位置有关。这一论述与 Tinti 等（1999）研究 1988 年意大利乌尔卡诺（Vulcano）岛滑坡涌浪时数值模拟的认识基本一致：滑块在最初阶段滑动非常快，速度接近峰值；入水后滑块变慢但比水波运动快。30 s 时，海底的滑动仍快于波速，但随后的波浪速度接近水中滑块运动速度，并随着滑块在盆地中的滑动而加速同步。该论述与 Sue 等（2011）通过物理试验和数值分析对比得到的结论也基本一致：一旦滑坡开始减速并停留在斜坡底部，被拖曳住的波谷开始自由传播。Grilli 等（1999）将滑坡的加速时间定为涌浪的产生时间，与这一认识也吻合。

　　关于这一最大（初始）波谷的位置，本次试验表明初始波谷的位置在最大速度时滑块的质心处或略滞后的质心处。文献描述的这一最大（初始）波谷位置则各有差异。Tinti 等（1999）模拟计算的结果显示初始波谷的位置严重滞后于滑块的位置，基本处于滑块启动附近。Grilli 等（1999）则将波谷的位置定义为与水深、滑动倾角、滑块厚度、滑块长度等因素有关的一个复杂表达式。

3. 涌浪产生过程特征

　　陆地滑块入水试验显示，滑块入水产生涌浪有四个阶段：①冲击形成浪花；②水面被推开形成第一列波浪；③滑块在水中运动，第二列大的波浪形成；④涌浪开始向河道内传播。陆地滑块入水产生涌浪的两个典型现象是水花（浪花/水舌）和以大的波峰为特征的波列。本次水下滑块滑动产生涌浪的试验显示，水下滑动形成涌浪有三个阶段：①滑块滑动，形成负波（小的波峰、大的波谷）；②波谷跟随滑块推移，并形成最大的波谷（负波）；③波浪开始传播。

　　（1）滑块滑动，形成负波。滑块滑动后，在滑块原来位置的上方形成了波谷[图 5.7（a）]，这一波谷最开始是由滑块空间位置的缺失造成的，然后是由滑块下滑推动和拖曳水体造成水体向下运动，进而形成的。

　　（2）最大波谷（负波）的形成。滑块快速滑动推动和拖曳水体，将能量传递给水体，在水面形成了一列大的波谷（负波）。波谷的深度明显要大于波峰的高度，波谷的宽度也大于波峰的宽度[图 5.7（b）、（c）]。

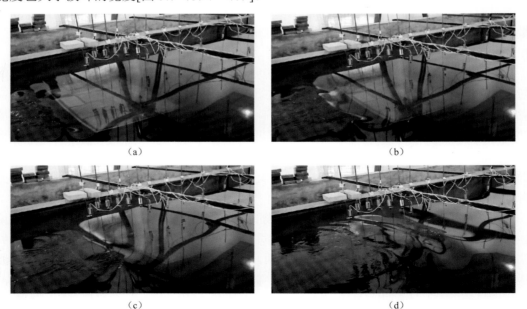

　　　　　　　（a）　　　　　　　　　　　　　　　　　　　　（b）

　　　　　　　（c）　　　　　　　　　　　　　　　　　　　　（d）

图 5.7　水下滑块滑动形成涌浪瞬时图

（3）波浪开始传播。滑块开始快速减速后，滑块不再传递能量给水体。水体形成的波浪开始自由传递。由于滑块四面都是水体，波浪的传播也是朝各个方向进行的[图 5.7(d)]。

从宏观现象上来看，水下滑坡产生涌浪的最大特征是形成了以负波为主的初始涌浪波列，并向四周传播。这与陆地上滑坡入水产生涌浪有着完全不同的特征。

波高仪数据则定量化、更清楚地展示了涌浪的形成过程。利用 G19、G2、G16、G3、G4 和 G5 等一系列波高仪，对涌浪形成区进行了水位量测。图 5.8 展示了若干试验中波高仪监测点的水位过程线。由于水下滑坡形成的涌浪高度较小，试验前水面难以彻底平静，形成的波浪是叠加了早期水面波动的波群样式。但是这一波群的样式（包络线）总体也展示了波浪的形成过程。从 9-2 号试验中可见，最开始形成的波峰不到 1 cm，形成的波谷却接近 3 cm。在 10-1 号试验中，最开始形成的波峰不到 1 cm，形成的波谷超过了 3 cm。

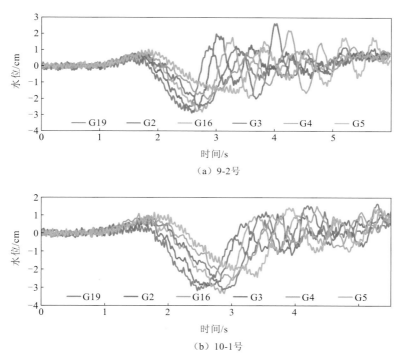

（a）9-2号

（b）10-1号

图 5.8　若干试验中波高仪监测点的水位过程线

以 10-1 号试验为例看单个试验的波浪形成过程发现，早期运动造成的波谷并不是最深的。滑动方向上，G19 是滑块最先经过的点。G19 的波谷深度一般比 G16 等要略小（这一点在 14-3 号试验最明显）。总体来看，波谷的深度经过了先变深再变浅的过程。G16、G3 附近是波谷最深的区域，而在 G5 波谷则明显变浅，波峰明显变高了。由此可见，从 G5 开始涌浪进入了传播阶段，而 G5 之前是涌浪的形成区域。从波谷变深这一点上来看，在涌浪形成区域波浪的能量是增加的，滑块仍然在传递能量给水体。波谷不再变深时，意味着滑块对水的推力和形成的拖曳力没有了，也表明能量传递没有了。这也验证了5.1节所述滑块–水耦合作用的时间和位置。

各监测点的第二个周期后，波浪形态与第一个周期的形态有较大差异，发生了剧烈变化，具体表现在：第一周期监测点水位过程线为大的波谷、小的波峰，第二个周期的水位过程线已经转化为波峰和波谷近似相等。从第二个周期开始，波浪已经完全进入了传播阶段。

4. 涌浪影响因素分析

通过正交试验，得到了水下滑坡形成的最大波谷深度（表 5.2）。对测得的波谷试验数据采用独立变量正交表进行极差与方差分析，研究首浪高度随各因素的变化趋势及各因素对首浪高度的显著性。

表 5.2　试验影响因素和最大波谷结果表

序号	独立变量				非独立变量		因变量
	长/m	宽/m	厚/m	滑动面倾角/（°）	质心水深/m	滑块最大速度/（m/s）	最大波谷/m
1	1.10	1.00	0.05	10	0.51	0.57	−0.006 2
2	1.10	1.10	0.10	12	0.42	0.82	−0.012 1
3	1.10	1.20	0.15	14	0.34	1.13	−0.025 3
4	1.10	1.30	0.20	16	0.27	1.13	−0.043 8
5	1.20	1.00	0.10	14	0.38	1.23	−0.012 9
6	1.20	1.10	0.05	16	0.35	0.75	−0.008 4
7	1.20	1.20	0.20	10	0.44	0.87	−0.020 5
8	1.20	1.30	0.15	12	0.41	0.85	−0.021 3
9	1.30	1.00	0.15	16	0.32	1.13	−0.031 9
10	1.30	1.10	0.20	14	0.34	1.07	−0.031 5
11	1.30	1.20	0.05	12	0.47	0.67	−0.005 3
12	1.30	1.30	0.10	10	0.50	0.70	−0.009 3
13	1.40	1.00	0.20	12	0.41	1.20	−0.022 7
14	1.40	1.10	0.15	10	0.53	0.83	−0.013 5
15	1.40	1.20	0.10	16	0.36	0.99	−0.017 7
16	1.40	1.30	0.05	14	0.43	0.67	−0.008 4

利用正交表 $L_{16}4^5$ 对测得的最大波谷深度进行极差与方差分析，见表 5.3。

表 5.3　最大波谷变量因素的极差与方差分析表

因素	滑块长	滑块宽	滑块厚	滑动面倾角
I_j/k_j	−218.5	−184.25	−70.75	−123.75
II_j/k_j	−157.75	−163.75	−130.0	−153.5
III_j/k_j	−195.0	−172.0	−230.0	−195.25
IV_j/k_j	−155.75	−207	−296.25	−254.5
D_j	62.75	43.25	225.5	130.75
S_j	11 112.5	4 251.5	121 749.5	38 547.5
f_j	3	3	3	3
F_j	6.099	2.333	66.822	21.157
显著性	1-（0.1）		3-（0.01，0.05，0.1）	2-（0.05，0.1）

显著性：1 为最不显著；2 为次之，3 为最显著；括注为显著性水平值。

I$_j/k_j$、II$_j/k_j$、III$_j/k_j$、IV$_j/k_j$、分别表示第 j 列 1、2、3、4 水平对应的试验指标的平均值；D_j 表示第 j 列的极差，等于第 j 列各水平对应的试验指标平均值中的最大值减最小值，即 $D_j = \max\{\mathrm{I}_j/k_j,\ \mathrm{II}_j/k_j,\ \mathrm{III}_j/k_j,\ \cdots\} - \min\{\mathrm{I}_j/k_j,\ \mathrm{II}_j/k_j,\ \mathrm{III}_j/k_j,\ \cdots\}$。

表中方差分析中符号表示的含义：S_j 表示偏差平方和，即

$$S_j = k_j\left(\frac{\mathrm{I}_j}{k_j} - \overline{y}\right)^2 + k_j\left(\frac{\mathrm{II}_j}{k_j} - \overline{y}\right)^2 + \cdots;$$

$\overline{y}$ 为 j 列平均值；f_j 为自由度，即第 j 列的水平数−1；F_j 为方差之比。

水下滑块厚度所在的极差 D_j 最大，为 225.5，表示水下滑块厚度在试验范围内变化时，使水下滑块产生的波谷深度的变化最大，其他因素所在列的极差由大至小依次为滑块厚度、滑动面倾角、滑块长度和滑块宽度。因此，各因素的数值在试验范围内变化时，对水下滑块产生的波谷深度的影响依次为滑块厚度、滑动面倾角、滑块长度和滑块宽度。由于质心水深和滑动速度为非独立变量，它们对首浪波谷的影响暂时还不能独立分析。但是，从以往的研究成果来看，水深和滑动速度对涌浪显然具有较大影响，一般来讲水深与波谷为负相关，速度与波谷为正相关。

水下滑块产生的波谷深度随各因素的变化趋势见图 5.9。由图 5.9 可以看出，波谷深度随滑块长度增大而减少，随其他因素的各自增大而增大。

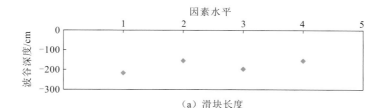

（a）滑块长度

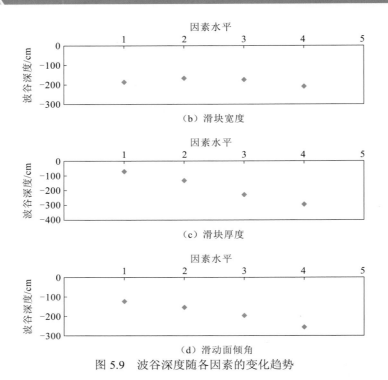

图 5.9　波谷深度随各因素的变化趋势

波谷深度的影响因素的显著性排序为滑块厚度、滑动面倾角、滑块长度、滑块宽度。滑块宽度、滑块厚度在 $a = 0.01$ 水平上显著，是极其显著影响波谷深度的因素。滑块厚度、滑动面倾角在 $a = 0.05$ 水平上显著，是显著影响首浪高度的因素。滑块厚度、滑动面倾角和滑块长度在 $a = 0.1$ 水平上显著，是一般显著影响首浪高度的因素。滑块宽度因素在 $a = 0.1$ 水平上仍然不显著。

通过以上分析，得到对首浪波谷深度有显著影响的因素依次为滑块厚度、滑动面倾角、滑块长度、滑块宽度。

5.1.3　涌浪物理试验回归分析

由试验设计可知，每组试验开展 3 次。去掉最离散的结果，取剩余 2 次试验结果的平均值可得到每组试验结果。将滑块放置在水面平静的水池中，通过试验便可得到大量数据。试验提取的主要数据包括滑块最大速度、最深波谷、最深波谷对应的前期波高和最大波高等。因此，可将滑块、水视为输入条件，而这些主要数据视为输出结果，输入条件与输出结果可用某种函数关系来表达。

1. 滑动速度回归分析

试验中滑块的运动取决于滑块几何尺寸（主要是长和厚）、加速段滑道的长度和水体的阻力等。本次试验滑块的输入参数为滑块的几何尺寸、滑动面倾角、加速段长度、质心水深，具体取值见表 5.4，表 5.4 也给出了各个试验的滑块最大速度。

表 5.4   各试验滑块水下滑动参数值表

序号	滑块长/m	滑块厚/m	滑动面倾角/(°)	质心水深/m	加速段长度/m	滑块最大速度/(m/s)
1	1.10	0.05	10	0.51	1.09	0.57
2	1.10	0.10	12	0.42	1.09	0.82
3	1.10	0.15	14	0.34	1.09	1.13
4	1.10	0.20	16	0.27	1.09	1.13
5	1.20	0.10	14	0.38	0.99	1.23
6	1.20	0.05	16	0.35	0.99	0.75
7	1.20	0.20	10	0.44	0.99	0.87
8	1.20	0.15	12	0.41	0.99	0.85
9	1.30	0.15	16	0.32	0.89	1.13
10	1.30	0.20	14	0.34	0.89	1.07
11	1.30	0.05	12	0.47	0.89	0.67
12	1.30	0.10	10	0.50	0.89	0.70
13	1.40	0.20	12	0.41	0.79	1.20
14	1.40	0.15	10	0.53	0.79	0.83
15	1.40	0.10	16	0.36	0.79	0.99
16	1.40	0.05	14	0.43	0.79	0.67

刚性块体水下运动模型见图 5.10。

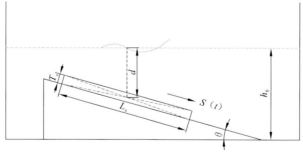

图 5.10   刚性块体水下运动模型图

假定加速度恒定（a_0），根据牛顿运动定律可将该刚性块体的运动数学描述如下：

$$S(t) = \frac{1}{2} a_0 t^2 = \frac{1}{2} u_0 t \tag{5.1}$$

$$t = \sqrt{2S(t) \Big/ a_0} \tag{5.2}$$

$$u_s = a_0 \sqrt{2S(t) \Big/ a_0} = \sqrt{2S(t)a_0} \tag{5.3}$$

滑块在斜面上滑动，加速度 a_0 在理想真空中只与摩擦力、重力加速度和水下滑动面倾角 θ 有关。当在空气中时考虑空气阻力，在水中时考虑水的阻力。因此，下滑的加速

度可表达为

$$a_0 = \left(1 - \frac{1}{\gamma}\right) g \sin\theta - f(T_s, L_s, \gamma) \tag{5.4}$$

式中：g 为重力加速度；$f(T_s, L_s, \gamma)$ 为滑块产生的水阻力函数，与滑块的厚度 T_s、长度 L_s 和相对密度 γ 有关，本次试验采用的滑块由混凝土制作，γ 可取 2.2。

$f(T_s, L_s, \gamma)$ 是滑块面摩擦力和水阻力产生的加速度函数，如果将摩擦力和水阻力的产生方式都视为传统的摩擦方式，则这些力的产生是由于存在水下摩擦系数 ξ，那么 $f(T_s, L_s, \gamma)$ 的函数形式是 $\xi\left(1 - \frac{1}{\gamma}\right) g \cos\theta$，$\xi$ 是 T_s、L_s 和 γ 的函数。这一函数形式与 Grilli 等（2005，2001，1999）、Enet 等（2007，2003）推导的水下滑坡加速度计算公式函数形式类似。水的阻力一般与截面积、性质和速度有关，因此假定 ξ 的函数形式为 $x(W_s L_s)^{y_1}(W_s / L_s)^{y_2} \sin\theta$。

因此，a_0 的表达式进一步展开为

$$a_0 = \left(1 - \frac{1}{\gamma}\right) g \sin\theta - x T_s^{y_1} L_s^{y_2} \sin\theta \left(1 - \frac{1}{\gamma}\right) g \cos\theta \tag{5.5}$$

式中：x、y_1、y_2 为变量。

那么最大速度的表达式为

$$u_0 = \sqrt{2S(t)a_0} = \sqrt{2S(t)\left(1 - \frac{1}{\gamma}\right) g \sin\theta (1 - x T_s^{y_1} L_s^{y_2} \cos\theta)} \tag{5.6}$$

在试验中各组输入条件的 $S(t)$、T_s、L_s、θ 是已知的，因此可用回归分析来计算 x、y_1 和 y_2。

利用 u_0 函数和试验结果进行了非线性回归分析，得到了 u_0 的表达式：

$$u_0 = \sqrt{2S(t)\left(1 - \frac{1}{\gamma}\right) g \sin\theta (1 - 0.341 L_s^{-0.606} T_s^{-0.334} \cos\theta)} \tag{5.7}$$

利用公式预测的 u_0 值和试验得到的值的相关系数（R^2）为 0.857，相关性较好（图 5.11），两者间差值为 0.2%～28%，13 组试验的差值在 8%以下。

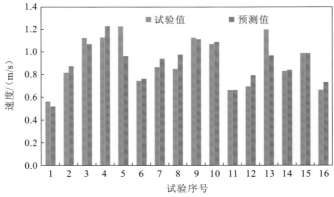

图 5.11　试验值与预测值对比图

2. 涌浪首浪回归分析

由 5.1.2 节分析可知，水下滑坡首先形成的是负波，其特征是小的波峰与深的波谷。这一深的波谷是涌浪的首浪。涌浪的首浪与滑块的几何尺寸、质心水深、滑动面倾角、滑动速度等有关。本次试验的输入参数为滑块的几何尺寸、质心水深、滑动面倾角、滑块最大冲击速度，各参数见表 5.5。表 5.5 也给出了试验中得到的最大的波谷及其前后的波高。

表 5.5　水下滑块试验条件和涌浪首浪输出结果表

序号	滑块几何尺寸			滑动面倾角 /(°)	质心水深 /cm	滑块最大冲击速度/(m/s)	最大波谷 /m	最大波谷对应的波峰/m	最大波峰 /m	周期 /s
	长 /cm	宽 /cm	厚 /cm							
1	1.10	1.00	0.05	10	0.51	0.57	−0.006 2	0.003 2	0.006 4	3.48
2	1.10	1.10	0.10	12	0.42	0.82	−0.012 1	0.004 8	0.008 3	2.68
3	1.10	1.20	0.15	14	0.34	1.13	−0.025 3	0.007 1	0.015 7	2.30
4	1.10	1.30	0.20	16	0.27	1.13	−0.043 8	0.013 8	0.032 5	2.33
5	1.20	1.00	0.10	14	0.38	1.23	−0.012 9	0.004 7	0.009 1	2.42
6	1.20	1.10	0.05	16	0.35	0.75	−0.008 4	0.002 5	0.004 3	2.17
7	1.20	1.20	0.20	10	0.44	0.87	−0.020 5	0.007 8	0.016 7	3.00
8	1.20	1.30	0.15	12	0.41	0.85	−0.021 3	0.008 0	0.001 5	2.87
9	1.30	1.00	0.15	16	0.32	1.13	−0.031 9	0.006 4	0.019 4	1.84
10	1.30	1.10	0.20	14	0.34	1.07	−0.031 5	0.010 2	0.021 9	2.42
11	1.30	1.20	0.05	12	0.47	0.67	−0.005 3	0.002 8	0.004 6	2.87
12	1.30	1.30	0.10	10	0.50	0.70	−0.009 3	0.004 5	0.009 9	2.93
13	1.40	1.00	0.20	12	0.41	1.20	−0.022 7	0.005 8	0.015 3	2.26
14	1.40	1.10	0.15	10	0.53	0.83	−0.013 5	0.004 9	0.012 7	2.86
15	1.40	1.20	0.10	16	0.36	0.99	−0.017 7	0.006 5	0.015 1	2.09
16	1.40	1.30	0.05	14	0.43	0.67	−0.008 4	0.004 4	0.005 4	2.50

将涌浪波高与波谷的影响因素采用无量纲的因次表达，其函数形式为

$$\frac{H_x}{d} = f\left(\frac{L_s}{d}, \frac{W_s}{d}, \frac{T_s}{d}, \frac{d}{h_0}, \sin\theta, \frac{u_m^2}{gh_0}\right) \tag{5.8}$$

式中：d 为质心水深，m；L_s 为滑块长，m；W_s 为滑块宽，m；T_s 为滑块厚，m；h_0 为静止水深，m；u_m 为最大冲击速度，m/s；g 为重力加速度，m/s²；H_x 为计算的波峰或波谷值。

类比以往文献的表达形式，给出本次试验结果的函数方程为

$$\frac{H_x}{d} = x\left(\frac{L_s}{W_s}\right)^{y_1}\left(\frac{W_s}{d}\right)^{y_2}\left(\frac{d}{T_s}\right)^{y_3}\left(\frac{d}{h_0}\right)^{y_4}\left(\frac{u_m^2}{gh_0}\right)^{y_5}(1 + z_1\sin\theta + z_2\sin^2\theta) \tag{5.9}$$

式中：x、y_1、y_2、y_3、y_4、y_5、z_1、z_2 为待定参数。

以最大波峰为因变量，其他为自变量，经过非线性回归分析，则得

$$x = 0.286\ 99,\ y_1 = 0.074,\ y_2 = 0.842,\ y_3 = -1.157,$$
$$y_4 = 1.104,\ y_5 = -0.150,\ z_1 = -8.485,\ z_2 = 24.134$$

则最大波峰值计算方程为

$$\frac{H_p}{d} = 28.699 \left(\frac{L_s}{W_s}\right)^{0.074} \left(\frac{W_s}{d}\right)^{0.842} \left(\frac{d}{T_s}\right)^{1.157} \left(\frac{d}{h_0}\right)^{1.104} \left(\frac{u_m^2}{gh_0}\right)^{-0.15} (1 - 8.485\sin\theta + 24.134\sin^2\theta) \quad (5.10)$$

式中：H_p 为最大波峰值，m。

经过公式计算的预测值和试验值相关性非常高（图 5.12），相关性系数（R^2）为 0.99，差值范围为 0.1%～54%，14 组试验两者的差值百分比低于 10%。

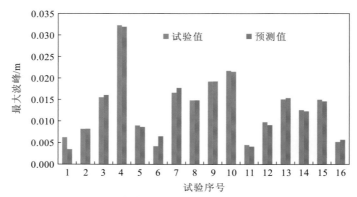

图 5.12　最大波峰值的预测值与试验值对比图

以最大波峰来考量滑坡涌浪的大小和危害性是陆地滑坡涌浪的做法，其原因是陆地滑坡涌浪的首浪是以大波峰为特征的，而水下滑坡产生的涌浪是以大波谷为特征的，所以同样以最大波峰来考量水下滑坡涌浪的大小和危害，可能并不完全或准确。特别是在初始涌浪波的表达上，还应该以初始的最大波谷和波峰来进行真实表达。$t=t_0$ 时刻，滑块速度最大，河面形成了最大的波谷，此时的最大波谷和其前面的波峰组成了初始波浪（图 5.13）。

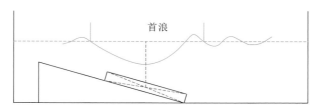

图 5.13　涌浪形成期首浪示意图

以最大波谷为因变量，其他为自变量，经过非线性回归分析，得

$$x = -0.288\ 12,\ y_1 = -0.884,\ y_2 = -1.071,\ y_3 = -1.358,$$
$$y_4 = -0.42,\ y_5 = -0.289,\ z_1 = -11.425,\ z_2 = 47.581$$

则首浪中波谷深度计算方程为

$$\frac{H_{at}}{d} = -28.812\left(\frac{L_s}{W_s}\right)^{-0.884}\left(\frac{W_s}{d}\right)^{-1.071}\left(\frac{d}{T_s}\right)^{-1.358}\left(\frac{d}{h_0}\right)^{-0.42}\left(\frac{u_m^2}{gh_0}\right)^{-0.289}(1-11.425\sin\theta+47.581\sin^2\theta) \tag{5.11}$$

式中：H_{at} 为波谷深度，m。

经过公式计算的预测值和试验值相关性非常高（图 5.14），相关性系数（R^2）为 0.99，差值范围为 3%～38%，12 组试验两者的差值百分比低于 10%。

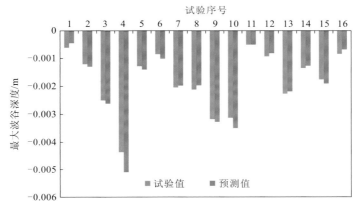

图 5.14　最大波谷深度的预测值与试验值对比图

最大波峰一般也是在 G19～G5 获得的。这个最大波峰的振幅其实是最大波谷后期振动传播形成的，并不是首浪的最大波峰。因此它们与最大波谷是同一地点不同时段产生的处于不同阶段的浪。

要获得最大波谷时河面对应的波峰必须参照 5.1.2 小节中的瞬时河面方法来进行数据提取。这也就是说，当 G19～G5 形成最大波谷时，寻找其滑动方向上的最近的最大波高 H_0，此时 H_0 与最大波谷是同时形成的，且波谷与波峰相邻，波谷靠近滑动斜坡侧。波峰与波高构成一个完整的首浪形态（提取 G7 和 G11 在特征水位线达到最大波谷时刻的最大波峰值）。

以初始涌浪波的波峰为因变量，其他为自变量，经过非线性回归分析，则得

$$x=0.002\,09,\ y_1=0.258,\ y_2=-0.505,\ y_3=-0.873,$$
$$y_4=-3.560,\ y_5=-0.288,\ z_1=-2.549,\ z_2=2.511$$

则初始涌浪波的波峰计算方程为

$$\frac{H_{p0}}{d} = 0.002\,09\left(\frac{L_s}{W_s}\right)^{0.258}\left(\frac{W_s}{d}\right)^{-0.505}\left(\frac{d}{T_s}\right)^{-0.873}\left(\frac{d}{h_0}\right)^{-3.560}\left(\frac{u_m^2}{gh_0}\right)^{-0.288}\left(1-2.549\sin\theta+2.511\sin^2\theta\right)$$

$$\tag{5.12}$$

式中：H_{p0} 为初始涌浪波的波峰，m。

经过公式计算的预测值和试验值相关性非常高（表 5.6 和图 5.15），相关性系数（R^2）为 0.97，差值范围为 3%～43%，14 组试验两者的差值百分比低于 10%。

表 5.6　首浪中波峰值的试验结果与预测结果表

序号	1	2	3	4	5	6	7	8
试验波高 /m	0.003 9	0.002 4	0.009 8	0.016 7	0.004 2	0.002 6	0.007 5	0.005 4
预测波高 /m	0.001 9	0.004 2	0.008 0	0.017 4	0.004 5	0.003 6	0.006 9	0.005 7
序号	9	10	11	12	13	14	15	16
试验波高 /m	0.010 9	0.012 7	0.001 5	0.002 8	0.006 1	0.003 2	0.006 3	0.001 4
预测波高 /m	0.010 5	0.011 8	0.001 8	0.002 8	0.007 7	0.003 5	0.005 0	0.002 1

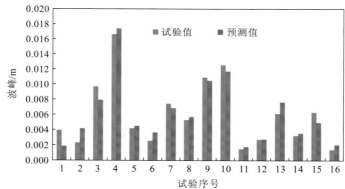

图 5.15　初始涌浪波的波峰的预测值与试验值对比图

根据水波动力学理论可知，长波的扰动传播速度为 $\sqrt{gd}$ 。一般将入水至达到最大速度的时间 t_0 作为初始波的周期，波长 λ_0 一般采用 $t_0\sqrt{gd}$ 来计算。由此得到了初始涌浪波的全部特征表达式，根据这些表达式，可以数值重建初始涌浪波场。

5.1.4　物理试验讨论

1. 试验结果适用范围

通过本次试验，得到了涌浪产生的新认识，特别是加深了对初始涌浪波的认识，在试验结果适用方面需要注意或探讨以下问题。

（1）利用首浪系列公式重建首浪场只是构建了一个最大的波浪或最主要的波浪，在形成期其实是形成了一个波列，一部分小波浪已经传递开来。首浪的传播是最大爬高和最大浪差的最主要来源，因此通过首浪的传播计算可以估算水域内的传播浪大小。仅仅以首浪来替代涌浪的形成显然能量上有损失。

（2）由于本次物理试验滑动冲击是在水下完成的，弗劳德数是变化的。但有两个典型的弗劳德数可以代表本次试验的弗劳德数范围。一个是当 $t = t_0$ 时，滑动速度最大，波谷最低，冲击弗劳德数范围为 0.25～0.70。当 t 略大于 t_0 时，水深基本变成了常数，此时弗劳德数范围为 0.18～0.40。因此，本次试验结果的适用范围仅限于弗劳德数在 0.18～0.70 内（图 5.16），冲击角度在 10°～16° 内，对于其他范围的弗劳德数和其他冲击角度是否具有同样精度的预测需要进行验证。更大范围弗劳德数的试验或满足更大范围弗劳德数的预测公式需要进一步开展工作，尤其是基础研究工作。

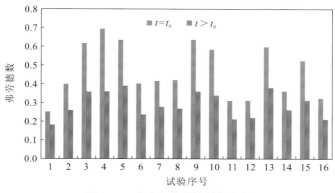

图 5.16　试验中弗劳德数柱状图

2. 试验结果有效性验证

在相同的水池中采用 7 组试验对结果进行验证。在验证试验中，水深为 1 m。在滑道的上方沿滑动方向依次布置了 G1、G2、G3、G4、G5、G7、G8、G10、G11、G12、G15、G16、G17 和 G18 14 个波高仪，其中 G10 之前的波高仪位置与滑块的运动路径是重叠的。利用姿态仪记录滑块运动过程的速度变化。波高仪分布图见图 5.17。

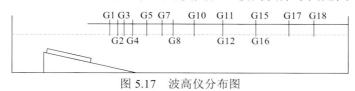

图 5.17　波高仪分布图

根据波高仪监测到的数据，最大波谷在 G2～G7 产生，因此选取 G2～G7 中最大的值作为最大波谷；同样，最大波峰在 G1～G8 产生，选取 G1～G8 的最大值作为最大波峰。

根据式（5.11），将试验数据中的滑块长度、宽度、厚度、质心水深及最大速度等变量代入公式中，可以得到最大波谷预测值。同样，根据式（5.10），将相关试验数据代入公式中，可以得到最大波峰的预测值。7 组物理试验的设计和结果见表 5.7。

表 5.7　验证试验的设计结果表

序号	长 /m	宽 /m	厚 /m	滑动面倾角 /（°）	质心水 深/cm	滑块最大速度 /（m/s）	最大波峰 实测值/m	最大波峰 预测值/m	最大波谷 实测值/m	最大波谷 预测值/m
1-1	1.10	1.00	0.10	13	0.56	0.91	0.014 8	0.008 6	-0.023 8	-0.016 7
1-2	1.10	1.00	0.10	13	0.56	1.01	0.018 8	0.008 3	-0.024 6	-0.015 8
1-3	1.10	1.00	0.10	13	0.56	0.99	0.016 8	0.008 4	-0.023 6	-0.015 9
2-1	1.10	1.10	0.15	16	0.44	1.08	0.032 1	0.021 6	-0.045 1	-0.042 1

序号	长 /m	宽 /m	厚 /m	滑动面倾角 /(°)	质心水深/cm	滑块最大速度 /(m/s)	最大波峰实测值/m	最大波峰预测值/m	最大波谷实测值/m	最大波谷预测值/m
2-2	1.10	1.10	0.15	16	0.44	1.13	0.027 6	0.021 3	−0.039 1	−0.041 0
2-3	1.10	1.10	0.15	16	0.44	1.02	0.030 9	0.022 0	−0.054 0	−0.043 5
7-1	1.20	1.20	0.25	13	0.50	1.12	0.035 7	0.026 6	−0.044 0	−0.044 6
7-2	1.20	1.20	0.25	13	0.50	0.92	0.026 2	0.028 2	−0.039 4	−0.050 0
7-3	1.20	1.20	0.25	13	0.50	1.12	0.029 4	0.026 6	−0.044 4	−0.044 6
8-1	1.20	1.30	0.20	16	0.43	1.10	0.028 5	0.034 2	−0.039 2	−0.054 9
8-2	1.20	1.30	0.20	16	0.43	0.92	0.027 0	0.036 1	−0.038 7	−0.060 9
8-3	1.20	1.30	0.20	16	0.43	1.02	0.038 1	0.035 0	−0.053 4	−0.057 4
11-1	1.30	1.20	0.10	16	0.49	1.04	0.017 3	0.009 5	−0.024 0	−0.012 4
11-2	1.30	1.20	0.10	16	0.49	0.99	0.019 9	0.009 6	−0.032 7	−0.012 8
11-3	1.30	1.20	0.10	16	0.49	0.98	0.020 8	0.009 6	−0.025 5	−0.012 9
12-1	1.30	1.30	0.15	13	0.55	0.99	0.028 5	0.016 5	−0.035 6	−0.022 6
12-2	1.30	1.30	0.15	13	0.55	1.01	0.019 8	0.016 4	−0.025 6	−0.022 3
12-3	1.30	1.30	0.15	13	0.55	1.00	0.017 5	0.016 5	−0.025 1	−0.022 5
14-1	1.40	1.10	0.20	13	0.54	0.86	0.026 8	0.021 2	−0.023 9	−0.034 8
14-2	1.40	1.10	0.20	13	0.54	1.16	0.024 8	0.019 4	−0.025 3	−0.029 3
14-3	1.40	1.10	0.20	13	0.54	1.15	0.024 6	0.019 4	−0.028 1	−0.029 4

根据 7 组物理试验得到的结果，用最大波峰式（5.10）计算的预测值和试验值相关性较高，相关性系数（R^2）为 0.79，差值范围为 6%～83%（图 5.18）。

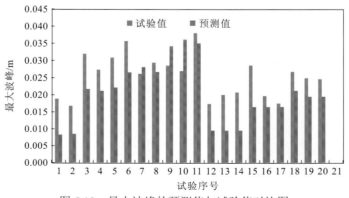

图 5.18 最大波峰的预测值与试验值对比图

根据 7 组物理试验得到的结果，用最大波谷式（5.11）计算的预测值和试验值相关性较高，相关性系数（R^2）为 0.77，差值范围为 4%～36%（图 5.19）。

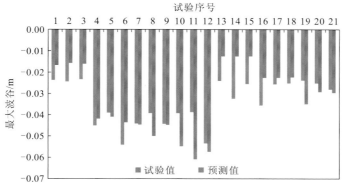

图 5.19　最大波谷的预测值与试验值对比图

有效性验证试验的弗劳德数范围为 0.30～0.52，其中最大速度处的弗劳德数范围为 0.38～0.52。该弗劳德数范围处于式（5.10）、式（5.11）的有效性范围内。观察图 5.18 和图 5.19 发现公式预测值与试验值相差较大的数组发生在初始涌浪波较小时，即最大波谷和最大波峰较小时，误差很大。比较这些数组，发现这些试验的滑块厚度较小，速度较小，弗劳德数较小，即当弗劳德数较小时，误差较大。

5.2　水下滑坡涌浪数值方法构建

水下滑坡及造成的涌浪虽然在山区水库关注和研究的较少，但是离岸地质灾害的水下滑坡及涌浪研究方兴未艾（Vanneste et al.，2013；Norwegian Geotechnical Institute，2005；Prior，1984）。构建水下滑坡涌浪源，需要建立初始波浪液面场、速度场及初始波浪的位置。当前可以采用的水下滑坡涌浪源控制方程有两个来源。其一为 5.1 节构建的相关控制方程，具体如下。

滑块运动计算公式为

$$u_{\mathrm{m}} = \sqrt{2S(t)\left(1 - \frac{1}{\gamma}\right)g\sin\theta(1 - 0.341 L_{\mathrm{s}}^{-0.606} T_{\mathrm{s}}^{-0.334}\cos\theta)} \quad （5.13）$$

最大波峰振幅计算方程为

$$\frac{H_{\mathrm{p}}}{d} = 28.699\left(\frac{L_{\mathrm{s}}}{W_{\mathrm{s}}}\right)^{0.074}\left(\frac{W_{\mathrm{s}}}{d}\right)^{0.842}\left(\frac{d}{T_{\mathrm{s}}}\right)^{1.157}\left(\frac{d}{h_0}\right)^{1.104}\left(\frac{u_{\mathrm{m}}^2}{gh_0}\right)^{-0.15}(1 - 8.485\sin\theta + 24.134\sin^2\theta) \quad （5.14）$$

首浪中波谷深度计算方程为

$$\frac{H_{\mathrm{at}}}{d} = -28.812\left(\frac{L_{\mathrm{s}}}{W_{\mathrm{s}}}\right)^{-0.884}\left(\frac{W_{\mathrm{s}}}{d}\right)^{-1.071}\left(\frac{d}{T_{\mathrm{s}}}\right)^{-1.358}\left(\frac{d}{h_0}\right)^{-0.42}\left(\frac{u_{\mathrm{m}}^2}{gh_0}\right)^{-0.289}(1 - 11.425\sin\theta + 47.581\sin^2\theta)$$

$$（5.15）$$

初始涌浪波的波峰计算方程为

$$\frac{H_{p0}}{d} = 0.002\,09 \left(\frac{L_s}{W_s}\right)^{0.258} \left(\frac{W_s}{d}\right)^{-0.505} \left(\frac{d}{T_s}\right)^{-0.873} \left(\frac{d}{h_0}\right)^{-3.560} \left(\frac{u_m^2}{gh_0}\right)^{-0.288} \left(1 - 2.549\sin\theta + 2.511\sin^2\theta\right)$$

$$(5.16)$$

波长方程为

$$\lambda_0 = t_0\sqrt{gd} \qquad\qquad (5.17)$$

波速方程为

$$C = \sqrt{g(h_0 + a)} \qquad\qquad (5.18)$$

第二个来源初始涌浪波模型可以借鉴并改进 Grilli 等（2005）、Enet 等（2007，2003）关于水下滑坡涌浪相关的研究成果及 Geowave 模型，从而进行水下滑坡涌浪计算模型的构建。Grilli 等（2005）建立的刚性体滑移运动的模型见图 5.20，并基于力矩平衡，加上重力、水力拖曳力和浮力等，将该刚性体的运动数学描述如下：

$$s(t) = s_0 \ln\left[\cosh\left(\frac{t}{t_0}\right)\right] \qquad\qquad (5.19)$$

$$t_0 = \frac{u_t}{a_0} \qquad\qquad (5.20)$$

$$s_0 = \frac{u_t^2}{a_0} \qquad\qquad (5.21)$$

式中：s 为滑动距离；s_0 是速度最大滑坡运动距离；t 为运动时间；t_0 为滑坡运动到最大速度时的时间（整个运动时间的一半）；a_0 为平均加速度；u_t 为最大运动速度。

平均加速度和最大运动速度为

$$a_0 = g\sin\theta\left(\frac{\gamma - 1}{\gamma + c_m}\right) \qquad\qquad (5.22)$$

$$u_t = \left[gB\sin\theta\frac{\pi(\gamma - 1)}{2c_d}\right]^{\frac{1}{2}} \qquad\qquad (5.23)$$

式中：g 为重力加速度；γ 为相对密度；c_m 为水动力系数；c_d 为拖曳力系数；B 为半椭圆形滑块长轴方向长度；θ 为水下滑面倾角。

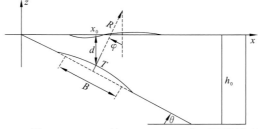

图 5.20　Grilli 等（2005）2D 水下滑坡模型

x_0 为最小波谷位置；d 为 $x = x_0$ 时水深；φ 为旋转角度；R 为旋转半径。

在刚性体滑移中，滑坡假定为一对称半椭圆形滑块，其长轴方向长为 B，最厚处为 T

　　针对这一模型，Grilli 等（2005，1999）采用非线性浅势流模型开展了大量的 2D 数值模拟（图 5.20），得到了 $x = x_0$ 处最小波谷值 η_0，将其值视为特征涌浪波高值。η_0 受 B、T、θ、γ、d 联合控制：

$$\eta_0 = s_0(0.059\,2 - 0.063\,6\sin\theta + 0.0396\sin\theta^2)\left(\frac{T}{B}\right)\left(\frac{B\sin\theta}{d}\right)^{1.25}[1 - \mathrm{e}^{-2.2(\gamma-1)}] \quad （5.24）$$

式中：η_0 为最小波谷值；T 为半椭圆形滑块最大厚度；d 为质心水深。

$$\lambda_0 = t_0\sqrt{gd} \quad （5.25）$$

式中：λ_0 为特征涌浪波长。

　　这一公式是基于参数在如下范围内得到的：$\theta \in [5°，30°]$；$d/B \in [0.06，1.5]$；$T/B \in [0.008，0.2]$；$\gamma \in [1.46，2.93]$。因此在这些参数之外，公式的适用性有待考证。

　　对于旋转的水下滑坡，旋转滑坡最大旋转角为 $\Delta\varphi = \varphi - \varphi_0$。假定滑坡底为近弧形，旋转半径 R，小位移时 $\sin\theta \approx \theta$，基于力矩平衡，加上重力、水力拖曳力和浮力等，可将该旋转体的运动数学描述如下：

$$s(t) = s_0\left[1 - \cos\left(\frac{t}{t_0}\right)\right] \quad （5.26）$$

$$s_0 = \frac{\Delta s}{2} \quad （5.27）$$

$$t_0 = \frac{R(\gamma + c_m)}{g(\gamma - 1)} \quad （5.28）$$

式中：Δs 为线性距离；R 为旋转半径。

　　由于旋转为低速（与滑动相比），忽略水阻力，增加底面的 Coulomb 摩擦力 C_n，假定旋转曲率为 R，则线性距离 Δs 可表示为

$$\Delta s = R(\Delta\varphi) = 2RC_n\cos\theta \quad （5.29）$$

　　针对这一模型，Grilli 等（2005，1999）采用非线性浅势流模型开展了大量的 2D 数值模拟，得到了 $x = x_0$ 处最小波谷值 η_0，将其值视为特征涌浪波高值。η_0 受 B、T、θ、γ、d、Δs 联合控制：

$$\eta_0 = s_0\left(\frac{T}{B\sin\theta}\right)\left(\frac{B\sin\theta}{d}\right)^{1.25}\left(\frac{B}{R}\right)^{0.60}(\Delta\varphi)^{0.39}(\gamma - 1)[0.198 - 0.048\,3(\gamma-1)] \quad （5.30）$$

式中：$\Delta\varphi$ 为旋转角。

$$\lambda_0 = t_0\sqrt{gd} \quad （5.31）$$

　　这一公式是基于参数在如下范围内得到的：$\theta \in [10°，30°]$；$d/B \in [0.34，0.5]$；$T/B \in [0.10，0.15]$；$R/B \in [1，2]$；$\gamma \in [1.46，2.93]$；$\Delta\varphi \in [0.1°，0.52°]$。因此在这些参数之外，公式的适用性有待考证。

　　从数学描述方程来看，当水下滑坡模型固定后，滑坡的运动只与 θ、B、ρ_s（滑体

密度）有关。当下滑地形始终保持为坡度为 θ 的平直斜坡时，或者说当滑坡的停止与下滑斜坡地形变化无关时，该模型是适用的。海底斜坡平缓而漫长，这一模型是适用的。但是山区斜坡，特别是我国西南峡谷山区，斜坡不像海底斜坡那样平缓漫长，滑坡并不能像上述概念模型一样自由停止，山区滑坡运动一般会因为到达谷底而不得不停止（图 5.21）。为了使 Grilli 等（2005）的水下滑坡涌浪源模型适用于山区水库水下滑坡，就必须对滑坡运动模型进行修正。

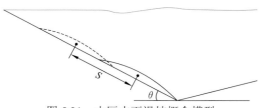

图 5.21　山区水下滑坡概念模型

对图 5.20、图 5.21 对比来看，它们最大的区别来自滑动的距离。图 5.20 中滑坡滑距由 θ、B、ρ_s 决定，一般距离非常长。而图 5.21 中滑坡滑距显然受到山谷地形影响，最大为 S。因此，Grilli 等（2005）水下滑坡模型需要修正的地方在 s_0。

在山区水库水下滑坡，根据滑坡地形地貌，估算下滑距离 S，在公式中直接给定 $s_0=S$。利用式（5.20）计算 a_0，则可根据式（5.21）得到 $u_t=\sqrt{s_0 a_0}$，从而计算出 u_t。u_t 计算出来后可根据式（5.20）来计算 t_0。水下滑坡的运动参数全部计算出来后，就可以按照 Grilli 等（2005）的初始涌浪源公式进行计算了。这一修正使山区水下滑坡的运动计算更符合实际情况（图 5.22）。

（a）修正前计算的初始涌浪源形态与位置图

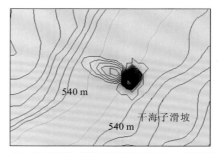

（b）修正后计算的初始涌浪源形态与位置图

图 5.22　修正前后数值模型计算的初始涌浪源形态与位置图

（a）中该涌浪源全部为负波；（b）中波谷位于滑坡停止区附近，波高前面是波峰

5.3　水下滑坡涌浪应用实例

我国长江上游金沙江正在进行梯级水电站的修建，溪洛渡水电站是其中的一个。2013 年 5 月蓄水以来，溪洛渡水库内距离坝址较近的干海子滑坡变形加剧，该滑坡可能

造成的涌浪危害值得关注。本书将对溪洛渡库区干海子滑坡可能造成的涌浪灾害进行深入研究，修正水下滑坡涌浪计算模型，为干海子滑坡的风险管理提供科学依据，为世界范围内其他山区水库水下滑坡涌浪计算提供借鉴。

5.3.1　溪洛渡水库及干海子滑坡特征

溪洛渡水电站位于我国青藏高原、云贵高原向四川盆地的过渡带，地处四川雷波与云南永善接壤的金沙江溪洛渡峡谷地段。溪洛渡水电站是金沙江下游四个巨型水电站中最大的一个。溪洛渡水电站工程于 2003 年 8 月开始筹建，2005 年 11 月开工，2007 年 11 月实现截流。溪洛渡水电站在 2013 年 5 月实现首批机组发电。根据工程计划安排，2015 年工程完工。溪洛渡大坝为混凝土双曲拱坝，坝顶高程为 610 m，最大坝高为 285.5 m，坝顶弧长为 698.07 m，坝址位于永善县城北侧。溪洛渡水库正常蓄水位为 600 m，死水位为 540 m，可进行不完全年调节。根据地质调查和相关资料，溪洛渡库区共发育有滑坡、崩塌等 81 个，估计总体积约为 16.46×10^8 m³（邓艳宏 等，2011）。溪洛渡水库蓄水后，一些崩滑体出现了变形迹象，这其中干海子滑坡距离坝址最近。

干海子滑坡位于金沙江右岸，距溪洛渡大坝坝址约 14 km。该段岸坡位于金沙江凹岸深切河谷内（图 5.23）。该段金沙江枯水期水位为 384 m 左右，河床高程为 365 m 左

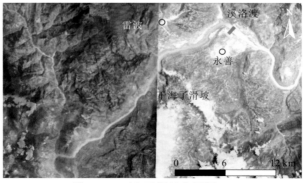

图 5.23　干海子滑坡位置图

右。干海子斜坡陡缓相间，950 m 高程以上斜坡为基岩出露区，是近千米高的陡坡，局部为悬崖；600～950 m 斜坡坡度较缓，平均坡度为 17°。该区段发育有两级大的平台，分别为干海子平台和唐家湾平台，两个平台间有一个 42° 斜坡相间。干海子平台高程为 640～650 m，长约 600 m，宽 200～300 m，总体以 3°～5° 倾角微向坡内反倾；在平台与唐家湾斜坡间形成负地形，为原来的"海子"区域（Fan et al.，2013）。唐家湾平台高程为 880～900 m，长约 400 m，宽约 600 m，总体以 5°～10° 倾向坡外。530～600 m 斜坡为一个坡度为 46° 的斜坡，530 m 高程以下斜坡为近 21° 的平缓斜坡，950 m 高程以下斜坡主要是第四系堆积区。

在构造上，该斜坡位于石板滩背斜倾伏端附近。该背斜沿金沙江 40° 方向展布，长约 10 km。斜坡区地层产状为 100°～130° ∠10°～15°。出露的基岩有奥陶系巧家组（$O_{1-2}q$）厚层块状生物碎屑灰岩、泥质条带灰岩和含铁泥质灰岩；志留系龙马溪组（S_1l）泥页岩夹粉砂岩；志留系石门坎组（S_2s）砂泥岩夹灰岩及二叠系梁山组（P_1l）砂泥岩、阳新灰岩（P_1y）和峨眉山玄武岩（$P_2\beta$）。经过大量钻探揭露，第四系主要由碎石土构成（图 5.24、图 5.25），其中 Q_4^{del}（P）为主要由阳新灰岩（P_1y）碎石构成的碎石土，Q_4^{del}（P+β）为二叠系阳新灰岩（P_1y）和玄武岩（$P_2\beta$）碎石混杂的碎石土，Q_4^{del}（S）为以志留系岩石为主的碎石土，原岩为泥页岩（邹国庆 等，2011）。

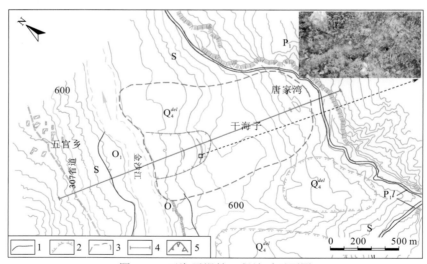

图 5.24　干海子滑坡工程地质平面图

1 为地层界线；2 为第四系堆积物；3 为滑坡边界线；4 为剖面线；5 为潜在的前缘滑动区

从斜坡地貌来看，干海子滑坡后缘为陡崖，前缘直抵金沙江河漫滩。干海子滑坡的南侧边界在硝厂沟下游的山脊附近，北侧边界为干海子下游侧的山脊。干海子滑坡体顺河长约为 620 m，纵长约为 1 500 m，平均厚度为 160 m（前缘平均厚约 25 m），滑动方向为 290°～300°。滑坡总体积约为 7 800×10⁴ m³（邹国庆 等，2011）。

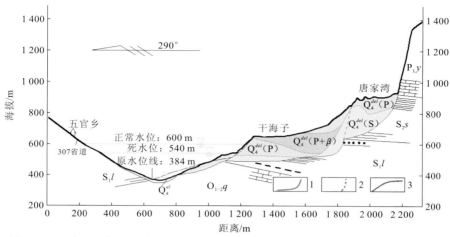

图 5.25　干海子滑坡工程地质剖面图[修改自中国水电集团成都勘察设计院（2009）]

1 为滑带位置；2 为次级拉裂位置；3 为前缘滑坡后可能的位置形态

　　根据历史的拉裂变形迹象及其形成的地形地貌特征，可将干海子滑坡分为前缘滑动区、中部变形区和后部影响区。金沙江流速大，侵蚀能力强，对干海子斜坡前缘不断侵蚀卸荷，造成牵引式破坏，并使各部分都形成了自己的滑动平台和次级拉裂带。中国水电集团成都勘察设计院（2009）、邹国庆等（2011）、邓宏艳等（2011）及樊柱军等（2013）分别对干海子滑坡的演化过程、变形特征和稳定性进行了专门研究，结论均为中部干海子变形区和后部唐家湾影响区稳定性较好，各水位和地震工况条件下稳定性系数均超过 1。而前缘滑动区稳定条件差，处于不稳定状态。2013 年 5 月 4 日溪洛渡水库开始第一阶段蓄水后，干海子滑坡前缘出现大量大型拉裂缝。有一组拉裂缝走向近平行于河流走向，最长的延伸近百米，宽度为 30～50 cm，下挫高度约 30 cm（图 5.26）。变形区域的主体为垮堵湾次级滑坡和少量干海子平台陡峻斜坡的表层松散堆积块碎石。这一现象也验证了前期勘查评价结论和上述分析，即前缘滑动区是干海子滑坡里的不稳定区域。根据最后一条弧状裂缝圈定的前缘滑动区顺河长约 300 m，纵向长约 400 m，平均厚度约为 25 m，最厚处为 45 m，体积约为 300×10^4 m³。

图 5.26　垮堵湾次级滑坡后缘变形带、主要威胁对象与高程（照片拍摄于 2013 年 11 月 13 日，此时溪洛渡水库水位为 540 m）

根据工程地质类比，干海子滑动区域若发生滑动，滑体可能直抵河床中心后才会停止。按照体积略增、坡度下降的原则，对滑坡下滑后堆积形态进行了分析。如图 5.25 蓝色虚线所示，滑坡下滑后，斜坡坡度将下降至 17°，滑动后的重心高程为 435 m，滑动落差为 75 m，滑动距离为 210 m。

由于溪洛渡水库移民工程，干海子滑坡上原住民已搬迁，土地主要种植柑橘及农作物。附近居民点较多的区域为对岸五官乡（图 5.26），其分布高程为 620～710 m。若干海子滑坡的 $300 \times 10^4 \, m^3$ 岩土体发生滑动，自身斜坡上危害对象较少；但其会形成涌浪。该潜在涌浪的危害范围及危害程度有待评估，而这是以往研究没有深入考虑的。

5.3.2　干海子滑坡涌浪计算模型

干海子滑坡滑动区域的重心高程为 510 m，因此不管是 540 m 死水位还是 600 m 正常蓄水位，次级滑坡的重心一直位于水下。水库蓄水后，在水面上出露部分低于斜坡总纵长的 10%。因此从本质上讲，干海子滑坡造成的涌浪实质是水下滑坡造成的涌浪。

利用 Fortran 语言，按照上述方法修正原始 Geowave 程序中的水下滑坡涌浪源模型，形成了山区水库水下滑坡初始涌浪源模型。建立 540 m 水位和 600 m 水位两个工况的 Geowave 模型，计算模型为长约 23 km、宽约 21 km 的相同河道。该计算模型内包括金沙江河道长约 40 km，河道弯曲狭窄，支流支沟较多。计算域内河岸边乡镇包括五官乡、千万贯乡。

以 540 m 水位为例，分别将干海子滑坡的基本情况输入修正前和修正后的计算公式中。图 5.27 可见两初始涌浪源的形态与位置。图 5.27（a）初始涌浪源完全为波谷，且波谷位于对岸岸边，波谷振幅为-40.3 m。图 5.27（b）涌浪源中靠近滑坡的河岸为波谷，波谷振幅为-22.2 m，波谷前为波峰，波峰振幅为 5.8 m，是正常的完整的水下滑坡初始涌浪场。形成图 5.27（a）与图 5.27（b）差异的原因是图 5.27（a）的模型（原水下滑坡涌浪源模型）滑动没有地形控制，原模型计算的滑坡滑动距离为 897.5 m，最大滑速为

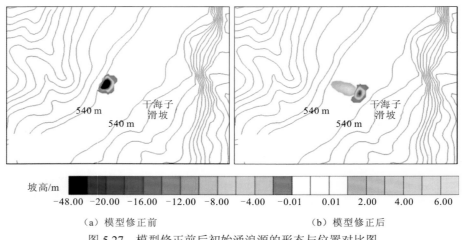

坡高/m
-48.00　-20.00　-16.00　-12.00　-8.00　-4.00　-0.01　0.01　2.00　4.00　6.00

（a）模型修正前　　　　　　　　　　　　（b）模型修正后

图 5.27　模型修正前后初始涌浪源的形态与位置对比图

53.4 m/s；而新模型计算的滑动距离为 210 m，滑速为 17.2 m/s。滑动距离过远，造成产生的涌浪位置偏远，涌浪值过大。修正后的模型计算值则显得较为合理，符合实际情况。

利用山区水库水下滑坡初始涌浪源模型，输入 540 m 和 600 m 水位工况下干海子滑坡的参数，进行滑坡初始涌浪源计算。输入参数和初始涌浪源特征值见表 5.8。设定计算涌浪时步是 10 000 步，实际时间约为 1.2 h，计算涌浪传播及爬高。

表 5.8　输入参数与初始涌浪源特征值

输入参数	水位工况		初始涌浪源特征值	水位工况	
	540 m	600 m		540 m	600 m
质心深度/m	30	90	初始加速度/（m/s²）	1.38	1.38
滑动角/（°）	21		最大速度/（m/s）	25.8	25.8
滑坡长度/m	400		波谷值/m	−22.2	−4.8
滑坡宽度/m	300		波峰值/m	5.8	1.4
滑坡最大厚度/m	45		涌浪波长/m	321.3	556.5
滑坡密度/（kg/m³）	2 350		涌浪周期/s	18.7	18.7

5.3.3　540 m 水位下干海子滑坡涌浪灾害预测评估

Geowave 的水下滑坡模型计算过大量水下滑坡案例，并和原型结果、试验结果有较好的吻合性，因此水下滑坡涌浪计算结果的合理性和精确度较高。作者仅改动了滑坡运动距离的代码，使滑坡运动更符合山区水库的地形特征，其他代码并未修改。因此，完全有理由相信修改后的山区水库水下滑坡初始涌浪源模型与 Geowave 一样具有合理性和较好的精度。

经过大量计算，得到了溪洛渡水库 540 m 死水位和 600 m 正常蓄水位下，干海子水下滑坡产生的涌浪情况（图 5.28）。在 540 m 水位时，滑坡发生 30.4 s 后，产生的最大涌浪波幅为 11.8 m，位于河道中心线附近，在滑坡岸造成了 5.3 m 的爬高。在 55.4 s 后，最大涌浪传递至对岸，产生的爬高为 10 m。至五官乡为滑坡后 58.6 s，河道内最大涌浪为 2.5 m，最大爬高为 4.8 m。827 s 后，涌浪传递至溪洛渡大坝坝前，最大涌浪高度为 0.045 m。918 s 后传递至千万贯乡，最大涌浪高度为 0.10 m。涌浪波速与水深呈正相关关系，涌浪波的平均波速约为 16 m/s。

我国内河航道没有涌浪预警的相关规定、规范，因此根据我国国家海洋局发布的《风暴潮、海浪、海啸和海冰灾害应急预案》进行河道灾害预警级别的划分。根据这一预案，涌浪红色预警区主要集中在干海子滑坡附近，总河段长约 1.2 km。橙色预警区为红色预警区上下游的 950 m 范围内。黄色预警区位于橙色预警区上下游的 950 m 范围内，上游主要在河道中心附近，下游主要为北岸浅水区。总体来看，最大振幅超过 0.5 m 的河道有 7 km 长，涌浪黄色以上预警级别的河道区域有 5 km。

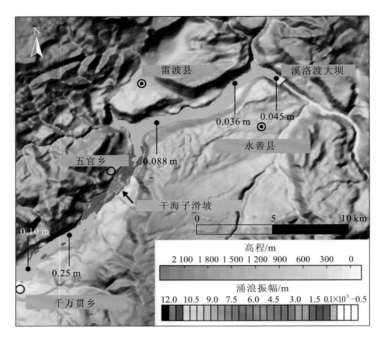

图 5.28　540 m 水位下河道最大波浪振幅图

右下绿色渐变图例为高程图例，0 高程是实际的 540 m 高程。彩色图例为涌浪振幅图例，

大于 0.5 m 波浪振幅的区域集中分布在距五官乡 7 km 处

从 540 m 水位河道深泓线的最大波幅剖面图（图 5.29）来看，红色预警区内的上游河道明显长于下游河段，衰减率也不同。红色预警区上游的最大衰减率为 13.9%，即 100 m 内波幅衰减 13.9 m；最小的衰减率为 1.13%。橙色预警区内最小衰减率为 0.31%，最大衰减率为 1.16%。总体来看，河道内波幅衰减变化不均一。

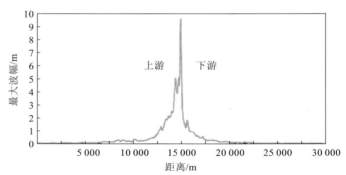

图 5.29　540 m 水位河道深泓线的最大波幅剖面图

该波幅上游终点为千万贯乡，下游终点为溪洛渡大坝，总长约 30 km；该图能大致反映河道内涌浪波幅的变化情况

从波的初始形态及运动来看，水下滑坡产生的涌浪形态及运动特征与陆地滑坡产生的涌浪有一些差异。陆地滑坡产生的涌浪是通过水、固体和气体相互作用形成的，冲击效应会造成水体的强烈运动。因此，半月形的大而高的波峰是其初始涌浪形态。在运动

中, 初始波峰是运动的主体, 它的推进形成了河道内各质点的最大波高。水下滑坡产生的涌浪则是通过水和固体相互作用形成的, 体积效应和拖曳效应造成了水体的运动。因此, 水下滑坡涌浪的初始形态是大的波谷和小而长的波峰 (图 5.30)。在运动中, 波谷先形成波峰, 然后向外推进; 波谷是运动的先锋。这一点从水位过程线也可看出, 形成区先出现波峰的水质点, 其最大波谷振幅大于最大波峰振幅 (图 5.30 点 B), 形成区其他点和传播区的点全部为先出现波谷再出现波峰 (图 5.30 点 A 和点 C)。

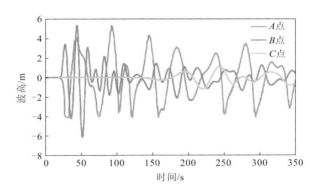

图 5.30　三个典型水位过程线

点 A 在初始涌浪源的波谷区域; 点 B 在初始涌浪源的波峰区域; 点 C 在五官乡下游

540 m 水位下最大涌浪到达的高程为 551.8 m, 爬坡浪的高程达到 550 m; 600 m 水位下最大涌浪到达的高程为 603.6 m, 爬坡浪的高程达到 601.8 m。而滑坡对岸五官乡及 107 省道的最低高程为 620 m。因此, 从涌浪灾害预测评估角度来看, 五官乡和 107 省道受到干海子水下滑坡涌浪袭击的可能性较低。在这两种工况下, 涌浪抵达溪洛渡大坝坝前最大只有厘米级的波浪, 对大坝及其附近水工建筑物基本不会构成危害。因此, 干海子水下滑坡产生的涌浪主要危害对象为: 干海子滑坡上下游 5 km 的航道、干海子与五官乡的两个码头、河岸务工人员和人工水养殖物。

5.3.4　600 m 水位下干海子滑坡涌浪灾害预测评估

在 600 m 水位时, 滑坡发生后 26.3 s, 产生的最大涌浪振幅为 3.6 m, 位于河道中心线靠滑坡岸侧 (图 5.31)。在 63.6 s 后, 最大涌浪传递至对岸, 河道内最大涌浪为 0.6 m, 在对岸上游产生的最大爬高为 1.8 m。至五官乡为滑坡后 70 s, 河道内最大涌浪为 1.0 m, 最大爬高为 1.5 m。508 s 后, 涌浪传递至溪洛渡大坝坝前, 最大涌浪高度为 0.006 m。涌浪红色预警区主要集中在干海子滑坡河道中心, 总河段长约 100 m。橙色预警区也集中分布在干海子滑坡河道, 长约 400 m。黄色预警区位于橙色预警区上下游的 1.5 km 范围内。总体来看, 最大振幅超过 0.5 m 的河道 3 km 长, 黄色以上预警级别的河道区域有 2 km。

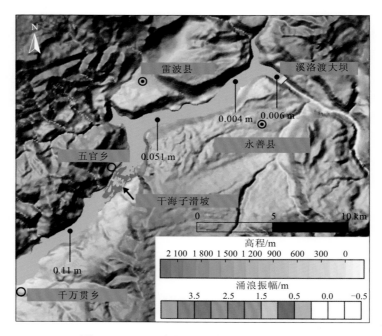

图 5.31 600 m 水位下河道最大波浪振幅图

右下绿色渐变图例为高程图例，0 高程是实际的 600 m 高程。彩色图例为涌浪振幅图例，

大于 0.5 m 波浪振幅的区域集中分布在距五官乡 3 km 处

2003 年三峡库区千将坪滑坡发生前，当地政府对滑坡区居民进行了预警搬迁，但未进行河道涌浪预警，造成滑坡区外 12 人因涌浪而死亡。因此，当干海子滑坡出现剧烈变形，发出滑坡红色预警后，也应同时发出河道涌浪预警。对 5 km 河道内船只和沿岸居民应着重通知，以引起足够重视。

第 **6** 章

水库滑坡涌浪
全耦合技术

　　滑坡涌浪全耦合计算技术涉及滑坡运动学和流体动力学，尽管目前还不成熟，但它是未来的重要发展趋势。以滑坡模拟为标志，这一技术目前有多个发展方向，如用（非）牛顿流体来模拟岩土体运动，用颗粒体来模拟岩土体运动。

　　本章建立了一个基于颗粒流的滑坡涌浪全耦合模型，并以湖南柘溪水库唐家溪滑坡涌浪为例，开展这一技术的应用研究。

6.1　基于颗粒流的滑坡涌浪全耦合模型

6.1.1　滑坡运动控制模型

　　有些岩质斜坡发生破坏后，一般以碎屑流（颗粒流）的形式发生运动（Crosta et al.，2001）。颗粒流中密集分布着大量的无黏聚力固体粗颗粒，含较少的细小颗粒，沿运动线路流动、沉积或侵蚀，一般有较长的运动距离。对这种流动状的运动特性，可采用合适的流变模型进行描述。滑坡流变利用剪切应力 τ 或剪切率来描述滑体运动（Pudasaini，2011）。颗粒流的剪切应力一般要远大于仅携带少量颗粒的流体的黏性剪切应力。在无黏聚力的颗粒流中剪切应力 τ_g 由以下部分组成：①固体颗粒间冲击形成的剪切应力 τ_i；②颗粒本身的附加黏滞剪切应力 τ_v；③颗粒中的流体剪切应力 τ_f（Hanes et al.，1985；Savage，1978；Bagnold，1954）。在颗粒流中，剪切应力 τ_g 主要的贡献来自颗粒间的碰撞力 τ_i，其次来自 τ_v。当颗粒间的流体为气体时，τ_f 变得可以忽略，因为气体的动态黏滞度很小（Savage，1984）。Bagnold（1954）采用不同方法进行了颗粒流剪切试验，试验得到了一个与库仑等式相当的等式，该等式可以用来描述球形颗粒间的剪切应力。Mih（1999）拓展了 Bagnold 的这一工作，进一步进行了大范围的试验，改进了 Bagnold 的公式。Mih（1999）的颗粒流剪切应力等式为

$$\tau_g = \tau_i + \tau_v = 7.8\mu_f \frac{\lambda^2}{1+\lambda}\frac{du}{dy} + \rho_s \frac{0.015}{1+0.5\rho/\rho_s}\frac{1+e}{(1-e)^{0.5}}\left(\lambda D\frac{du}{dy}\right)^2 \qquad (6.1)$$

式中：μ_f 和 ρ 为颗粒间流体的黏滞度和密度；ρ_s 为颗粒的密度；e 为弹性恢复系数；D 为颗粒的直径；λ 为最大体积比函数，$\lambda = D/S_{c0}$，S_{c0} 为颗粒中心点的平均距离；du/dy 为颗粒流的平均速度。

　　这一等式包含了流体黏滞度和固体冲击相关系数，黏滞度是一个常数，固体冲击相关系数与固体颗粒和流体的特性有关。这一等式与大量的不同人实施的颗粒流物理试验结果吻合很好（Mih，1999）。本次研究采用这一公式控制唐家溪滑坡破坏后颗粒流的运动。

　　当滑坡颗粒流冲击水体时，水的湍流运动采用 RNG（Re-normalization group）模型进行计算。RNG 模型来源于严格的统计技术。它和标准 k-ε 模型很相似，但它额外考虑了湍流漩涡，为湍流普朗特数提供了一个解析公式。这些特点使 RNG 模型比标准 k-ε 模型在流动计算中有更高的可信度和精度。这一湍流模型被大量应用于滑坡涌浪模拟中。

6.1.2　滑坡-水耦合作用控制模型

在使用 Mih（1999）的剪切应力公式时，颗粒流被视为不可压缩的流体。颗粒流和水的耦合模型采用了两个阶段的具有不同密度的不可压缩流体模型。假设水的密度是 ρ_1，颗粒流的密度是 ρ_2，f_w 表示组成混合物中水的体积分数，混合物中颗粒的体积分数用 $1-f_w$ 表示。

水的连续动量平衡公式为

$$\frac{\partial u_1}{\partial t} + u_1 \cdot \nabla u_1 = -\frac{1}{\rho_1}\nabla P + F + \frac{K}{f_w \rho_1}u_r \tag{6.2}$$

颗粒流散流的动量平衡公式为

$$\frac{\partial u_2}{\partial t} + u_2 \cdot \nabla u_2 = -\frac{1}{\rho_2}\nabla P + F - \frac{K}{(1-f_w)\rho_2}u_r \tag{6.3}$$

式中：u_1、u_2 分别为水和颗粒散流相的速度；F 为物体压力；P 为压力；K 为与两个阶段交互作用相关的拖曳系数；u_r 为不同相之间的相对速度差，且

$$u_r = u_2 - u_1 \tag{6.4}$$

混合物的体积加权平均速度公式为

$$\bar{u} = f_w u_1 + (1-f_w)u_2 \tag{6.5}$$

平均速度动量守恒体积加权公式为

$$\nabla \cdot \bar{u} = 0 \tag{6.6}$$

每个单位体积的拖曳力用式（6.7）来计算

$$K = \frac{1}{2}A_2 \rho_1 \left(C_D U + 12\frac{\mu_1}{\rho_1 R_2} \right) \tag{6.7}$$

式中：A_2 为颗粒流相（散射相）每个单位体积的交叉部分面积；ρ_1 和 μ_1 分别为水的密度和动态黏度；U 为固体流体的相对速度；C_D 为用户指定的拖曳系数，是一个无量纲数，对球体来讲是 0.5；R_2 是颗粒平均粒径。

6.1.3　水体控制模型

RNG 模型被用来计算当颗粒流入水体时的液体运动。RNG 模型使用数值方法来推导湍流相的平均方程，如湍流动能和它的传播率。RNG 模型使用了与 k-ε 模型相似的公式。然而，公式常数在 RNG 模型中来源明确，并且将湍流漩涡考虑在内。通常，RNG 模型的适用性比 k-ε 模型要更广。湍流动能 k_T 的传送方程包括湍流动能的传送和扩散、剪切和浮力作用而产生的湍流动能、在湍流漩涡中的黏性损失而产生的传播和衰退。k_T 的传送公式是

$$\frac{\partial k_T}{\partial t} + \frac{1}{V_F}\left(uA_x\frac{\partial k_T}{\partial x} + vA_y\frac{\partial k_T}{\partial y} + wA_z\frac{\partial k_T}{\partial z} \right) = P_T + G_T + \text{Diff}_{K_T} - \varepsilon_T \tag{6.8}$$

另外一个运动公式用来计算湍流耗散值 ε_T：

$$\frac{\partial \varepsilon_{\mathrm{T}}}{\partial t} + \frac{1}{V_{\mathrm{F}}}\left(uA_x\frac{\partial \varepsilon_{\mathrm{T}}}{\partial x} + vA_y R\frac{\partial \varepsilon_{\mathrm{T}}}{\partial y} + wA_z\frac{\partial \varepsilon_{\mathrm{T}}}{\partial z}\right) = \frac{\mathrm{CDIS1}\cdot\varepsilon_{\mathrm{T}}}{k_{\mathrm{T}}}\left(P_{\mathrm{T}} + \mathrm{CDIS3}\cdot G_{\mathrm{T}}\right) + \mathrm{Diff}_\varepsilon - \mathrm{CDIS2}\frac{\varepsilon_{\mathrm{T}}^2}{k_{\mathrm{T}}} \quad (6.9)$$

在 RNG 模型中，动力湍流黏性 V_{T} 由式（6.10）计算：

$$V_{\mathrm{T}} = \mathrm{CNU}\frac{k_{\mathrm{T}}^2}{\varepsilon_{\mathrm{T}}} \quad (6.10)$$

耗散扩散项 $\mathrm{Diff}_\varepsilon$ 的公式为

$$\mathrm{Diff}_\varepsilon = \frac{1}{V_{\mathrm{F}}}\left[\frac{\partial}{\partial x}\left(v_\varepsilon A_x\frac{\partial \varepsilon_{\mathrm{T}}}{\partial x}\right) + R'\frac{\partial}{\partial y}\left(v_\varepsilon A_y R'\frac{\partial \varepsilon_{\mathrm{T}}}{\partial y}\right) + \frac{\partial}{\partial z}\left(v_\varepsilon A_z\frac{\partial \varepsilon_{\mathrm{T}}}{\partial z}\right) + \zeta\frac{v_\varepsilon A_x \varepsilon_{\mathrm{T}}}{x}\right] \quad (6.11)$$

式中：k_{T} 为湍流动能；V_{F} 为流体体积分数；A_x 为 x 方向流动体积的面积分数；A_y 和 A_z 分别为 y 方向和 z 方向上流体的面积分数；P_{T} 为湍流动能的产生项；G_{T} 为浮力的产生项；ε_{T} 为湍流耗散值；R' 和 ζ 与坐标系相关的系数，当为直角坐标系时，$R'=1$，$\zeta=0$。在 RNG 模型中，CDIS1、CDIS3 和 CNU 是无量纲的用户可调节参数，它们的默认值分别是 1.42、0.2 和 0.085。CDIS2 由湍流动能（k_{T}）和湍流项（P_{T}）计算而来（Yakhot et al.，1992，1986）。

6.2　滑坡涌浪全耦合计算案例及有效性验证

滑坡涌浪全耦合计算案例采用湖南省柘溪水库唐家溪滑坡涌浪，该滑坡的相关工程地质特征和涌浪灾害情况可参见 2.2.1 小节。根据唐家溪滑坡所在河谷地形地貌构建了唐家溪滑坡涌浪数值模型。该模型长 792 m，宽 684 m。模型区域包括了柘溪水库尾唐家溪的沟源，河谷最低高程为 140.0 m，山体最大高程为 740.2 m。唐家溪滑坡体数字高程模型根据勘查钻孔剖面和滑动前后地形图绘制，体积约为 15.8×10^4 m³。唐家溪滑坡体模型设置为颗粒流模型。由于唐家溪滑坡是在连续暴雨条件下发生的表层破坏，破坏启动后的岩块空隙中基本为雨水充填；因此唐家溪滑坡颗粒流空隙中的流体为水。岩块颗粒的密度、平均直径和初始孔隙度通过野外调查和室内试验确定。在唐家溪滑坡运动过程中，岩块颗粒的运动明显有两个阶段，一个是启动—运动阶段，另一个是撞击—停止阶段。第一阶段的碰撞主要发生在颗粒间，第二阶段的碰撞主要发生在前缘颗粒与对岸河谷。因此，在弹性恢复系数的取值中也采用了两个系数，在前缘颗粒流碰撞发生后，取弹性恢复系数为 0。颗粒流运动计算所需参数见表 6.1。唐家溪滑坡体初始状态为静止，在重力作用下启动。颗粒流运动接触到河水后，与水体耦合运动。

表 6.1　颗粒流运动计算所需参数表

参数	值	参数	值
流体密度/（kg/m³）	1 000	颗粒碰撞恢复系数	0.2/0
流体黏滞度/（Pa·s）	0.001	平均颗粒粒径/m	0.35
颗粒密度/（kg/m³）	2 640	总体空隙率	0.001

计算模型的水面高程为 169.5 m（图 6.1），初始状态为静止水面。x_{min} 面为零流量边界，以保证唐家溪的水体总量不变。z_{max} 面（水面）为零压力边界，即自由液面。z_{min} 面（河谷）、x_{max} 面、y_{min} 面和 y_{max} 面均为远离河谷的固体壁面，因此也是零流量边界。采用有限单元体积法计算，单元网格为 2 m×2 m×2 m，共计 13 001 472 个单元。数值模型模拟计算 30 s，其中经过试算，滑坡的第一阶段计算时间为 6 s。

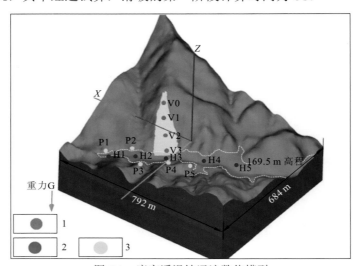

图 6.1　唐家溪滑坡涌浪数值模型

1 为滑坡体运动速度监测点；2 为河道水位过程监测点；3 为爬高监测点

本次滑坡涌浪计算是颗粒流滑动和水体产生涌浪的全耦合模拟，滑坡滑动对涌浪的产生起关键作用。从滑体运动形态、滑动速度过程和涌浪形成、传播对这一滑体-水体耦合结果进行分析，并通过与野外观测结果对比进行有效性验证。

6.2.1　滑坡运动过程

模型分析启动后，滑坡体即开始运动。从滑坡体上不同高程点的深度积分速度来看，滑体不同位置达到最大速度的时间不一致。最大速度的时间基本在滑体碰撞对岸河谷的时间（第 6 s）之前。后缘区域（V0 位置）最大滑动速度约为 16.6 m/s。滑坡中部（V2 位置）最大滑动速度约为 30.9 m/s，它可能也是滑坡所达到的最大运动速度。而 V3 处于高程 169.5 m 的河边，它的速度最能代表滑体冲击水体的速度，最大达到了 22.5 m/s。这一速度与野外估计的 20 m/s 的最大冲击速度相当（图 6.2）。

从滑坡的各个时段的形态来看，滑坡颗粒流在陆地上的运动基本限定在滑坡体范围内（图 6.3）。$T = 4.0$ s 后滑坡开始侵占河道，并沿河道向上下游运动拓展，形成扇形（图 6.4）。由河道最终平面形态的对比可知，数值模拟结果形成了更理想化的扇形堆积形态，数值模拟形成的滑坡坝形态与实际形态有一定差异。这可能与数值模型中假定固体颗粒为理想球状、粒径相近等有关。

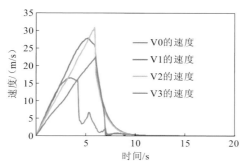

图 6.2　滑坡体上各监测点的速度过程图

V0～V3 点的位置可参照图 6.1

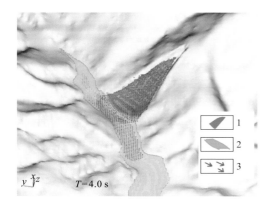

图 6.3　T = 4.0 s 时唐家溪滑坡与河面瞬时状态

1 为滑坡体；2 为水体；3 为质点运动方向

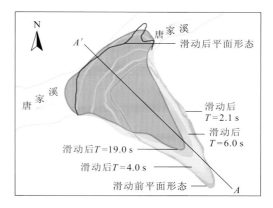

图 6.4　唐家溪滑坡滑动后平面形态变化情况

从滑坡 A-A'剖面动态过程（图 6.5）来看，随着时间的流逝，滑坡体固体颗粒逐渐向河谷运动、堆积。T = 2.1 s 时，滑坡体物质滑至河床。高程 200 m 以上的滑坡物质运动速度大，该区域滑动物质开始变薄。2.1 s 后，滑坡体开始大规模侵占河床。T = 4.0 s 时，在河谷出现一个小型堆积平台雏形，并不断向对岸推进。在 T = 6.0 s 时，滑坡物质碰撞到河谷对岸岸坡，此时滑坡在河谷形成了大型的滑坡坝，几乎堰塞了河道。T = 19.2 s 时，滑坡形态与 T = 6.0s 时差异不大，且这之后滑坡形态基本保持不变，形成的滑坡坝平均高程约为 171 m。唐家溪滑坡实际形成的滑坡坝平均高程约为 172.5 m。从滑动停止后剖面形态上来看，实际滑坡后形态有明显的两级平台，模拟的滑坡结果只有一级大的滑坡平台，但地表剖面形态较接近。

6.2.2　涌浪过程

采用颗粒流模型模拟的唐家溪滑坡运动结果与野外调查结果有一定的差异，但差异性不大，基本反映了该滑坡的真实运动过程和特征。颗粒流的运动激发了水体的运动，产生了巨大涌浪。

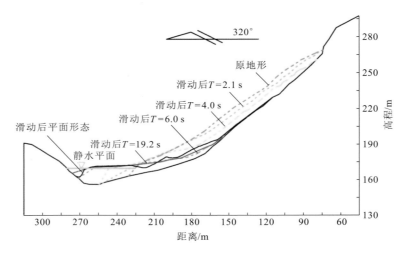

图 6.5　唐家溪滑坡滑动后 A-A'剖面形态

　　滑坡体侵占河床后，对河水有推挤和抬托效应，造成水体呈圆弧状向外和向上运动[图 6.6（a）]，与千将坪滑坡涌浪的形成类似。$T = 6.0$ s，河面形成了一个弧状的高约 10 m 的水墙，水体最大速度约为 12.0 m/s，向对岸和上下游冲击[图 6.6（b）]。C 处的居民区首先开始接受冲击，最大水体冲击速度为 11.5 m/s[图 6.6（c）]，该区域最大爬高为 16.5 m。$T = 9.6$ s 时，水体开始攀爬 A 点旁的山脊，水体最大行进速度为 12.1 m/s[图 6.6（d）]。$T = 11.1$ s 时，水体翻过山脊，冲击 A 处的房屋，水体最大冲击速度为 11.6 m/s。$T = 14.4$ s 时，涌浪开始冲击 B 处的房屋，水体最大冲击速度约为 7.0 m/s[图 6.6（e）]。$T = 16.3$ s 后，向上游传播的涌浪抵达了 D 处居民集聚区，最大水流冲击速度降为 3.8 m/s。从计算

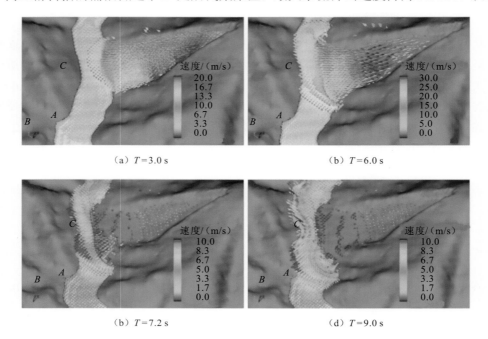

（a）$T = 3.0$ s　　　　　　　　　　　　　（b）$T = 6.0$ s

（b）$T = 7.2$ s　　　　　　　　　　　　　（d）$T = 9.0$ s

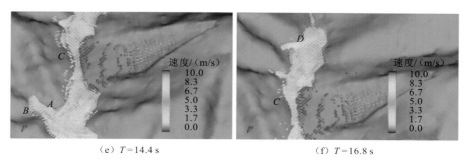

（e）$T = 14.4\,s$　　　　　　　　　　　　　（f）$T = 16.8\,s$

图 6.6　河面瞬时动态及质点运动矢量图

来看，从滑坡开始启动到涌浪袭击这些房屋，总共用时不超过 1 min。涌浪袭击时间短，冲击速度大，造成了这一区域房屋的损毁和人员的伤亡。

从图 6.6 还可看出，由于唐家溪河谷狭窄，在滑坡入水河段，涌浪的形成、传播和爬高三个阶段是不可分的，这不是一个典型的滑坡涌浪形成过程。从唐家溪河面的水位过程线来看，全河道内此次滑坡产生的涌浪仅有一次较大的波峰，尤其以滑坡入水处河道最为典型（图 6.7 中 H3 点）。滑坡上游河道（如 H1、H2），涌浪波抵达后，由于河道被快速堰塞，抵达上游的水体下泄不畅，上游水体形成临时性壅高。上游水位最大壅高达 172.5 m，30 s 时上游水位仍在 171.6 m 左右。滑坡下游河道经历一次较大的涌浪波后，河道内涌浪波动衰减。

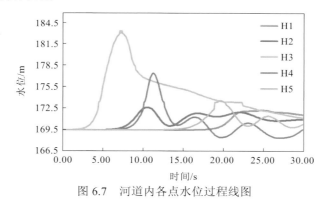

图 6.7　河道内各点水位过程线图

H1～H5 的位置可参见图 6.1

在这一非典型的滑坡涌浪形成过程中，河道内最大首浪高度较难分辨。在滑坡区外围河道，最大的传播浪高约为 8.0 m，位于滑坡的下游侧。计算得到滑坡最大爬高为 21.8 m，位置在滑坡对岸；野外调查该点的爬高为 22.7 m。滑坡对岸斜坡直接受产生的涌浪冲击，爬高值较大。总体上，爬高值以滑坡入水区为中心，向外围递减。表 6.2 展示了河岸野外调查爬高值与对应地点的数值计算值。两组数据的相关性系数（R^2）为 0.98，平均误差为 11%。这说明数值计算结果与实际调查结果吻合度很高，滑坡涌浪数值模型合理有效。

表 6.2　野外调查爬高值与对应地点的数值计算值表

北岸爬高/m	调查值	2.4	3.7	5.9	7.3	22.7	19.5	11.8
	计算值	3.3	3.6	6.5	7.0	21.8	17.3	12.1
南岸爬高/m	调查值	2.2	3.4	9.0	3.0	—	—	—
	计算值	3.2	4.1	9.2	3.7	—	—	—

第7章

基于流固耦合的水库滑坡涌浪产生和消减

岩土体运动扰动水体是一个非常复杂的过程。岩土体在陆地的运动可以利用固体力学或者岩土力学来描述，流体本身的状态，以及流体和固体壁面、流体和流体间则可利用流体力学来进行描述。本章利用固体力学、流体力学耦合的方法进行滑坡涌浪数值模拟研究。与全耦合技术不同的是，流固耦合中固体运动多为简化刚性块体运动，而全耦合的滑坡运动更接近真实的滑坡运动。

利用固体力学或岩土力学来描述水库滑坡的运动时，一般将岩土体运动简化为（多个）刚性块体的运动。对一些滑坡崩塌而言，其运动状态与（多个）刚性块体运动状态类似时，能够非常准确地计算随之而来的涌浪情况。随着计算机和计算数学的发展，软硬件已能对涌浪产生进行流体力学数值模拟研究。利用流体力学进行崩塌滑坡涌浪求解已成为一种趋势。其优势主要是流体、固体运动皆可三维直观可视，海量数据可供调阅分析。其缺陷主要在于所需计算空间巨大，计算能力受限。但随着未来计算软件的不断发展，该方法具有良好的发展前景。

7.1　流固耦合分析原理

为了解决流固耦合运动问题，引入 FLOW-3D 软件进行建模、分析。FLOW-3D 是一款由 Flow Science 公司开发的通用流体动力学计算软件，始于 1980 年的洛斯阿拉莫斯国家实验室（Los Alamos National Laboratory）。在物质守恒、动量守恒、能量守恒等欧拉方程框架内，FLOW-3D 采用了有限体积差分法逼近离散化计算域，从而进行求解。该软件具有大量的模型，用于模拟相变、非牛顿流体、孔隙介质流、表面张力效应、两相流等。FLOW-3D 采用 FAVOR（Fractional Area/Volume Obstacle Representation）和 VOF（Volume-of-Fluid）技术来求解三维瞬时 N-S 方程，能够提供极为真实且详尽的自由液面流场信息。FAVOR 和 VOF 技术使在欧拉网格内能够定义固体边界，能够在计算流体响应固体边界时追踪流体边界。采用这一方法，固体物质独立生成网格，能够高效率且精确地定义几何外形。FLOW-3D 的 FAVOR 和 VOF 技术，使它在描述自由液面流动方面具有独特的准确性和真实性（Flow Science，2012）。

7.1.1　流体运动方程

描述流体运动特征的基本方程是 N-S 方程。N-S 方程表述流体运动与作用于流体上的力的相互关系，是包含流体的运动速度、压强、密度、黏度、温度等变量的非线性微分方程。一般来说，对于流体运动学问题，需要同时将 N-S 方程结合质量守恒、能量守恒及介质的材料性质，一同求解。由于其复杂性，只有在给定边界条件下，采用计算机数值计算的方式才可以求解。

$$\frac{\partial u}{\partial t} + \left(u\frac{\partial u}{\partial x} + v\frac{\partial u}{\partial y} + w\frac{\partial u}{\partial z} \right) = -\frac{1}{\rho}\frac{\partial p}{\partial x} + G_x - \frac{1}{\rho}\Delta\tau_x - k_u - \frac{\mathrm{RSOR}}{\rho}u - F_x \qquad (7.1)$$

$$\frac{\partial v}{\partial t} + \left(u \frac{\partial v}{\partial x} + v \frac{\partial v}{\partial y} + w \frac{\partial v}{\partial z} \right) = -\frac{1}{\rho} \frac{\partial p}{\partial y} + G_y - \frac{1}{\rho} \Delta \tau_y - k_v - \frac{\mathrm{RSOR}}{\rho} v - F_y \tag{7.2}$$

$$\frac{\partial u}{\partial t} + \left(u \frac{\partial w}{\partial x} + v \frac{\partial w}{\partial y} + w \frac{\partial w}{\partial z} \right) = -\frac{1}{\rho} \frac{\partial p}{\partial z} + G_z - \frac{1}{\rho} \Delta \tau_z - k_w - \frac{\mathrm{RSOR}}{\rho} w - F_z \tag{7.3}$$

式中：$U = (u, v, w)$ 为流体速度；P 为压力；G_x 为重力和非惯性体力加速度；k_U 为拖曳力（多孔挡板、阻碍物、液-固过渡区产生的拉力）；$\mathrm{RSOR} \cdot U / \rho$ 为物质流入形成的加速度；F_x 为其他力，如表面张力、外力或力矩等。

FLOW-3D 有许多不同的湍流模型用来模拟湍流，包括普朗特混合长度模型、k-ε 模型、RNG 模型和 LES（Large Eddy Simulation）模型。k-ε 模型和 RNG 模型较为常用。

k-ε 模型是一个复杂和广泛使用的模型，它包含了湍流动能 k_T 和湍流耗散 ε_T 两个输运方程。湍流动能输运方程是通过精确的方程推导得到的，湍流耗散方程是通过物理推理，而不是通过模拟相似原型方程得到的。该模型已被证明能够为许多类型的流动提供合理的近似解，其适用范围广，经济，具有合理的精度。它是个半经验的公式，是从试验现象中总结出来的。

RNG 模型采用了与 k-ε 模型类似的方程。但是 k-ε 模型中的经验常数在 RNG 模型中是被显式计算推导的。RNG 模型在 ε 方程中加了一个条件，有效地改善了精度。标准 k-ε 模型是一种高雷诺数的模型，RNG 模型理论提供了一个考虑低雷诺数流动黏性的解析公式。RNG 模型有着比标准 k-ε 模型更宽广的应用范围。

7.1.2　固体运动方程

同时，在 FLOW-3D 中有一个特殊的 GMO（general moving object，一般运动物体）计算模型，能够帮助使用者预测移动对象在流体内运动的状况。GMO 模拟（多个）刚性块体运动，可以是指定运动方式，也可以是与流动耦合计算。指定运动方式时，流动受物体运动影响，而物体运动不受流体影响。与流动耦合时，物体运动和流动是动态耦合的（两者互相影响）。两种方式中运动物体都可以有六个自由度。计算时可以有多种类型的运动物体，且可以相互碰撞。碰撞分析可以采用弹性碰撞、部分塑性碰撞及完全塑性碰撞三种。弹性碰撞是指运动过程中运动物体间碰撞没有能量损失。完全塑性碰撞是指运动物体间碰撞后，能量完全损失掉。这一碰撞分析采用总体摩擦系数和总体碰撞恢复系数来控制。碰撞恢复系数处于 0～1，0 代表完全塑性，1 代表完全弹性。

六自由度的两个独立物体运动控制方程为

$$F = m \frac{\mathrm{d} V_G}{\mathrm{d} t} \tag{7.4}$$

$$T_G = [J] \cdot \frac{\mathrm{d} \omega}{\mathrm{d} t} + \omega \times ([J] \cdot \omega) \tag{7.5}$$

式中：F 为总力；m 为刚性块体质量；T_G 为总力矩；$[J]$ 为在体系统中的惯性张量；V_G 为运动物体的速度；ω 为角速度。

　　如果 x、y 和 z 坐标轴与运动体的惯性主轴一致，惯性产品就会消失。为了简化计算，式（7.4）、式（7.5）分别在空间和体系统中得到计算。总力和总扭矩可包括水压力、重力、弹力、非惯性力、控制力和扭矩。

　　库仑（Coulomb）摩擦模型包括碰撞、弹性恢复和冲击动力等多个控制方程。假设物体 B 与物体 B' 碰撞，它们的接触点（或碰撞点）分别表示为在物体 B 上的 C 点和在物体 B' 上的 C' 点。碰撞参考系（碰撞系统）的原点会设置在接触点（$\boldsymbol{n}_1$，$\boldsymbol{n}_2$，$\boldsymbol{n}_3$）处，这个点表示局部坐标系下三个坐标轴的单位向量。$\boldsymbol{n}_3$ 是接触点上的两个物体的共同切向平面的法线方向，即从物体 B' 到物体 B 的方向。$\boldsymbol{v}$ 表示点 C 到点 C' 的相对速度，$\boldsymbol{p}$ 表示作用在物体 B 上的冲击接触力。

$$\boldsymbol{v} = (v_1, v_2, v_3), \quad \boldsymbol{p} = (p_1, p_2, p_3) \tag{7.6}$$

其中，下标代表在局部坐标系（$\boldsymbol{n}_1$，$\boldsymbol{n}_2$，$\boldsymbol{n}_3$）中的矢量方向。局部坐标系中 $\boldsymbol{n}_3$ 代表法向方向，冲击力中 p_3 代表法向冲击力。库仑摩擦模型中的冲击力可表述为

$$\sqrt{(\mathrm{d}p_1)^2 + (\mathrm{d}p_2)^2} < \mu \mathrm{d}p, \quad v_1^2 + v_2^2 = 0 \tag{7.7}$$

$$\mathrm{d}p_1 = -\mu \cos\varphi \mathrm{d}p, \quad \mathrm{d}p_2 = -\mu \sin\varphi \mathrm{d}p, \quad v_1^2 + v_2^2 > 0 \tag{7.8}$$

式中：μ 为摩擦系数；φ 为在局部坐标系中的滑动角度。

　　一般来说，碰撞过程分为压缩和恢复阶段。Stronge（1990）的假设是在压缩过程中，将法向冲击与恢复联系在一起。Stronge 的弹性恢复系数 e 定义为

$$e = \sqrt{-\frac{W_3(p_f) - W_3(p_c)}{W_3(p_c)}} \tag{7.9}$$

$$W_3(p) = \int_0^p v_3 \mathrm{d}p \tag{7.10}$$

式中：W_3 由式（7.10）计算；p_c 为当碰撞达到最大压缩时的法向冲击力；p_f 为碰撞总冲击力。

　　在式（7.9）中，根号下的分子是在恢复过程中法向冲击力所做的总功，总是非负值；分母是压缩过程中所做的总功，总是负值。e 值处于 0～1。

　　假定两个物体 B 和 B' 的质量分别为 M 和 M'，它们的质心位置分别为 G 和 G'。在碰撞系统中，接触点的相对速度满足以下等式：

$$\mathrm{d}v_i = m_{ij}^{-1} \mathrm{d}p_j \; (i = 1, 2, 3) \tag{7.11}$$

$$m_{ij}^{-1} = m_{B,ij}^{-1} + m_{B',ij}^{-1} \tag{7.12}$$

式中能量守恒要遵照，$m_{B,ij}^{-1}$ 和 $m_{B',ij}^{-1}$ 分别对应物体 B 和 B' 的质量倒数；下标 i，j 是空间向量。

　　如果碰撞中两个物体在接触点处开始滑动，当碰撞为偏心且初始速度的滑动足够小时，摩擦力会使滑动停止。在此之后，它们在一个新的方向上保持接触，或重新滑动，直到它们分开，这取决于两个物体的惯性特性和摩擦系数。当两个物体在碰撞中滑动时，切向速度分量如下：

$$v_1 = s_d \cos\varphi, \quad v_2 = s_d \sin\varphi \tag{7.13}$$

$$s_d = \sqrt{v_1^2 + v_2^2} \tag{7.14}$$

式中：s_d 为滑动速度；φ 为滑动角度，在碰撞过程中变化。

滑动的运动控制方程如下：

$$\frac{\mathrm{d}v_1}{\mathrm{d}p} = -\mu m_{11}^{-1} \cos\varphi - \mu m_{12}^{-1} \sin\varphi + m_{13}^{-1} \tag{7.15}$$

$$\frac{\mathrm{d}v_2}{\mathrm{d}p} = -\mu m_{21}^{-1} \cos\varphi - \mu m_{22}^{-1} \sin\varphi + m_{23}^{-1} \tag{7.16}$$

7.2　箭穿洞危岩体涌浪产生的流固耦合分析

箭穿洞潜在涌浪风险评估主要采用 FLOW-3D 软件开展。FLOW-3D 的 GMO 模块可用来模拟箭穿洞厚层灰岩刚性体的滑动和倾倒。Turbulent 模块可用于模拟形成的涌浪和传播。利用 GMO-Trubulent 的流固耦合模型，Biscarini（2010）、Montagna 等（2011）及 Abadie 等（2010）开展了大量的滑坡涌浪数值计算，与物理试验均具有较好的吻合性。

在 FLOW-3D 中建立了一个 3.5 km×3.2 km 的河谷模型，单元网格大小约为 10 m×10 m×10 m，计算域的高程在 40～330 m，总共有单元格 3 034 850 个。在计算模型中有约 4.7 km 长的长江主航道和约 1.5 km 长的神女溪航道。块体和河面的初始状态均为静止。数值模型的 $z_{\min}$ 方向为 Wall 边界，即不透水边界；$z_{\max}$ 方向为自由面边界，即零压力边界。数值模型 x 和 y 方向的其他边界为水压力边界，即保持边界水压力不变，水压力高度与液面高度一致。由于计算资源有限，只模拟计算了 240 s 内数值模型在重力场下的变化情况。

由上述失稳模式研究可知，箭穿洞危岩体可能倾倒或滑动入水，同时，这一失稳可能在 145～175 m 的任意水位下发生。由于箭穿洞危岩体目前并未发生破坏，其运动特征也需考虑。在 FLOW-3D 中，物体自由运动时运动特征由地形及两个参数控制，分别是法向弹性恢复系数和综合摩擦系数。章广成等（2011）通过物理试验发现灰岩在碎石土、黏土坡体的法向弹性恢复系数为 0.1～0.3。根据韩文梅（2012）的岩石摩擦滑动试验，滑动摩擦系数为 0.4～0.6。块状灰岩岩体也可能以斜坡上的碎石为滚珠而进行快速滑动，其滚动摩擦系数约为 0.2。为了规避涌浪灾害风险，使计算结果偏安全，箭穿洞危岩体运动时法向弹性恢复系数取值为 0.2，综合摩擦系数取值为 0.2。基于上述理解，设计了如表 7.1 所示的计算工况。

表 7.1　计算工况表

工况	失稳模式	水位 / m	e	μ
A	倾倒	175	0.2	0.2
B		145	0.2	0.2
C	滑动	175	0.2	0.2
D		145	0.2	0.2

　　经过大量计算，得到了四个计算工况的大量数据。从 GMO 的运动特征来看，虽然弹性恢复系数和摩擦系数一致，但同一失稳模式下运动速度有一定差异（图 7.1）。总体上，145 m 水位下的冲击速度大于 175 m 水位下的冲击速度。这说明水的耦合作用影响了物体的运动。同时，倾倒块体重心的速度比滑动块体重心的速度要大。175 m 水位下倾倒和滑动的重心点最大速度分别为 23 m/s 和 31 m/s。145 m 水位下倾倒和滑动的重心点最大速度分别为 25 m/s 和 38 m/s。需要注意的是，倾倒时块体的速度不一样，其头部的速度最大。而滑动时，块体各部分速度一致。从图 7.1（a）与（b）的对比也可知，除最大速度值不一样以外，运动特征也有较明显的差异。较为明显的是，滑动时以 x 方向运动为主，z 方向运动次之。倾倒运动时，z 方向运动速度略大于 x 方向运动速度。当块体在 A 与 B 工况失稳时，前期块体是倾倒，冲击斜坡后块体沿坡体滑动。这一点除在图 7.1（a）前后各向运动速度变化上得到验证外，在块体运动瞬时图上也可得到验证。

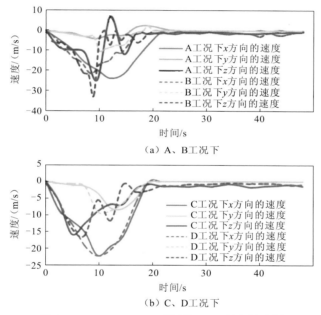

图 7.1　A、B、C、D 工况下 GMO 各向速度图

　　从图 7.2 块体倾倒阶段图可见，柱状块体以基座为转动点，向外转动。在块体接触水面时，激烈地拍打并向下挤压水体形成最初的涌浪。剧烈的冲击形成了巨大的涌浪。在 175 m 水位时，河道中最大涌浪高度为 47.1 m，在 145 m 水位时，河道中最大涌浪高度为 35.0 m。145 m 水位时的冲击速度大于 175 m 水位时的冲击速度，水体也变浅了，为什么反而涌浪高度降低了？箭穿洞危岩体的基座高程为 155 m（图 7.3），位于 145～175 m 内。因此，当高水位时，倾倒体一开始就传递能量给水体，且作用于水体的方向是向西和垂直向下。当低水位时，倾倒块体要隔一段时间后才接触水体，且作用于水体的方向是向东和垂直向下。西为失稳方向，该方向的力作用于水体更利于形成涌浪。从能量传递率的角度来看，倾倒块体在初始时的总势能为 8.64×10^{11} J。A 工况下块体停止

时，水体获得的总能量为 2.80×10^{11} J，流体-固体能量转换率约为 32.4%。B 工况下，块体停止时，水体获得的总能量为 1.42×10^{11} J，能量转换率约为 17.6%。倾倒时，145 m 条件下的流体-固体能量转换率明显低于 175 m 条件下的能量转换率。从单位能量来看，A 工况下，单位水体获得的平均能量为 1.74×10^{3} J/m³；而 B 工况下单位水体获得的平均能量为 1.40×10^{3} J/m³。这些都能解释 175 m 水位条件下的涌浪高度大于 145 m 水位条件下的涌浪高度。

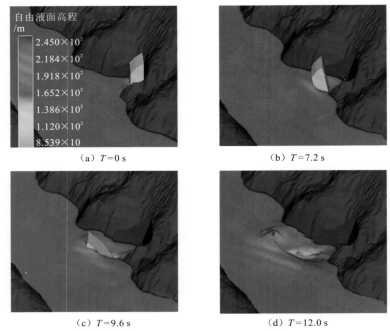

图 7.2 175 m 水位工况下块体倾倒阶段图

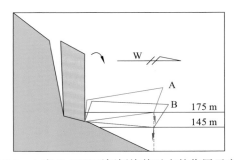

图 7.3 A 和 B 工况下倾倒块体对水的作用示意图

图 7.4 展示了滑动失稳产生涌浪的过程。滑动时，滑块最开始从母岩中缓慢分离。然后块体向后倾斜，沿斜坡面发生滑动。滑动面最开始是原来的危岩体基座。滑动后块体后靠，块体原来的拉裂后壁慢慢与斜坡面接触，变成滑动面。水体波浪主要是块体剧烈向前推动造成的。在 175 m 水位工况时，河道中最大涌浪高度为 12.5 m。在 145 m 水位工况下，河道中最大涌浪高度为 17.3 m。低水位的涌浪高度高于高水位的涌浪高度，

这与以往的研究结论是一致的（Heller et al.，2009；Fritz et al.，2004）。从能量传递率的角度来看，滑块在初始时的总势能为 8.38×10^{11} J。C 工况下块体停止时，水体获得的总能量为 3.80×10^{11} J，流体-固体能量转换率约为 45.8%。D 工况下块体停止时，水体获得的总能量为 2.82×10^{11} J，能量转换率约为 33.7%。D 工况下水体获得的总能量小，为什么形成的涌浪高度却大？这是因为水体浅，单位水体获得的能量在 D 工况大于 C 工况。从平均能量数据上可以得到并验证这一论述。C 工况下单位水体获得的平均能量为 2.37×10^3 J/m³；而 D 工况下单位水体获得的平均能量为 2.79×10^3 J/m³。

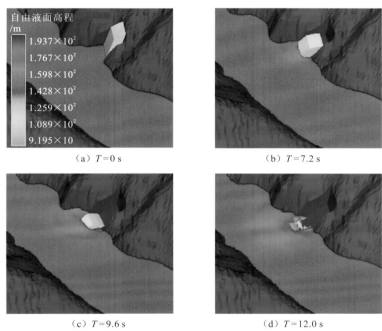

（a）$T = 0$ s　　　　　　　　　　　　（b）$T = 7.2$ s

（c）$T = 9.6$ s　　　　　　　　　　　　（d）$T = 12.0$ s

图 7.4　145 m 水位工况下块体滑动阶段图

交叉对比失稳模式的各项数据发现，滑动模式使水体获得了更多的能量，但倾倒在涌浪形成区形成了更大的涌浪高度。进一步对比各工况下沿岸的爬高值和河道最大涌浪高度值（图 7.5）发现，这些爬高值和河道涌浪高度差异并没有最大涌浪高度值差异那么大，也没有延续各工况最大涌浪高度值间的规律性。归其原因，与块体的运动速度特征有关。倾倒造成形成区水体质点运动以上下运动为主，因此形成区涌浪高，传播能力较差。滑动造成水体质点运动以水平运动为主，因此涌浪传播能力较强。这一原因造成滑动工况下箭穿洞对岸最大爬坡浪值大于倾倒工况下的值。同时，水体运动方向的差异也会造成涌浪反射、叠加的差异。在这些因素影响下，各工况传播区的涌浪高度值和爬高值较为接近。总体来看，越远离块体入水点，各工况下河道涌浪高度值的差异越小。

A 与 B 工况下，涌浪形成区河道涌浪衰减速率大，衰减率为 6.5%～8.5%，即传播 100 m 涌浪高度下降 6.5～8.5 m。C 与 D 工况下，涌浪形成区河道涌浪衰减率较大，传播 100 m 涌浪高度下降 1.8～2.5 m。远离形成区的河道涌浪衰减速率较小，传播 100 m 涌浪高度下降 0.05～0.25 m，且随着传播距离的增加，衰减变得更缓慢（Huang et al.，2012）。

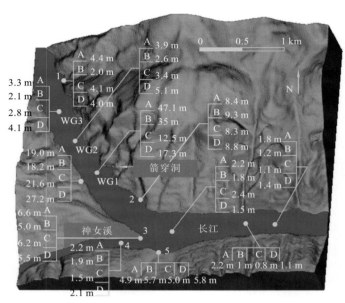

图 7.5　沿岸河道最大涌浪高度值和爬高值对比图

A、B、C、D 代表各个工况，各数值代表各工况下的爬高值或涌浪高度值。1 和 2 均为神女峰旅游接待区，

3 为青石水文观测站，4 为神女溪旅游接待区，5 为青石居民集聚区。WG1~WG3 为水位观察点位置

通过河道水质点的水位过程线可以观察水质点的运动情况和涌浪在河道的传播情况（图 7.6）。同时，通过各点涌浪到达的时间差，可计算涌浪的传播速度。175 m 水位时，河道涌浪的平均传播速度为 50~70 m/s。145 m 水位时，涌浪的平均传播速度为 45~65 m/s。

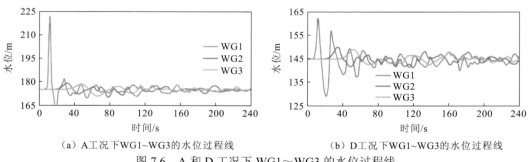

（a）A工况下WG1~WG3的水位过程线　　　　（b）D工况下WG1~WG3的水位过程线

图 7.6　A 和 D 工况下 WG1~WG3 的水位过程线

箭穿洞失稳（$t=0$）后，涌浪抵达神女峰 1#旅游接待区（图 7.5 位置 1）的时间为 36~46 s，浪高超过 2 m。抵达神女峰 2#旅游接待区（图 7.5 位置 2）的时间为 19~22 s，浪高超过 8 m。抵达青石水文观测站（图 7.5 位置 3）的时间为 31~36 s，浪高超过 5 m。抵达神女溪旅游接待区（图 7.5 位置 4）的时间为 46~60 s，浪高超过 1.5 m。抵达青石居民集聚区（图 7.5 位置 5）的时间为 41~48 s，浪高超过 5 m。虽然从涌浪抵达到形成该区段的最大涌浪，所需时间从十几秒到数十秒不等。但可以确定的是，当箭穿洞危岩

体失稳形成涌浪后，留给这些人群集聚区进行疏散的时间很短。从图 7.6 可见，在 240 s 内，各工况条件下计算域河道内各质点的涌浪高度值或爬高值基本都大于 1 m，都处于涌浪危害范围内。因此，如果等待危岩体失稳才进行疏散，极易发生灾难性事件。

综合各计算工况中河道涌浪的最大值和最小衰减情况，采用 0.085、0.05、0.001、7×10^{-4}、5×10^{-4}、4×10^{-4}、3×10^{-4} 的梯级衰减率，估计了涌浪高度大于 1 m 的长江河道区域（图 7.7）。根据我国国家海洋局发布的《风暴潮、海浪、海啸和海冰灾害应急预案》进行河道灾害预警级别的划分。根据涌浪的传播速度估算，涌浪传递至望霞一带居民集聚区的时间约为 1 min 后，估计最大浪高为 3 m。涌浪传递至巫山县城的时间约为 4 min，估计浪高低于 0.5 m。传递至培石码头的时间约为 3 min 后，估计最大浪高低于 0.5 m。涌浪超过 1 m 的河道影响范围有近 15 km。沿岸主要居民区所对应的预警级别和大致的浪高可根据图 7.7 进行判读。根据这一预警区划图，可在危岩体进入加速变形阶段时，对该区域河道进行封航，对黄色以上预警区居民进行告知和疏散。当确认涌浪危机解除后，重新开放该区域。

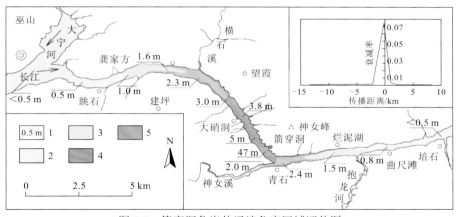

图 7.7　箭穿洞危岩体涌浪危害区域评估图

右上图为河道涌浪评估采用的衰减率曲线。1 为河道中涌浪高度值；2 为涌浪低于 1 m 的蓝色预警区；3 为涌浪高度为 1~2 m 的黄色预警区；4 为涌浪高度为 2~3 m 的黄色预警区；5 为涌浪高度大于 3 m 的红色预警区

如果岩体运动计算参数（e，μ）变化，它们会怎么影响涌浪风险区划呢？分别在 $e=0$，0.2，0.3 和 $\mu=0.2$，0.3，0.4 时进行数值模型计算。在滑动模式下，μ 不变，e 由小变大时，河道最大涌浪高度相近，但数据无规律（图 7.8）。当 e 不变，μ 逐渐变大时，河道最大涌浪高度变小（图 7.9）。这说明滑动模式下，摩擦力越小，岩土体运动速度越大，造成的涌浪越大。在倾倒模式下，μ 不变，e 由小变大时，河道最大涌浪高度变小，最大值与最小值相差约 8%。当 e 不变，μ 逐渐变大时，河道最大涌浪高度非常相近，但数据无规律。这说明倾倒模式下，涌浪大小受计算参数（e，μ）影响较小。

从参数敏感性上来分析，参数变化对滑动模式的涌浪大小影响较大，对倾倒模式影响不大。由于图 7.7 是综合滑动模式与倾倒模式的最大危害区域评估图，计算参数对该结果影响较小。

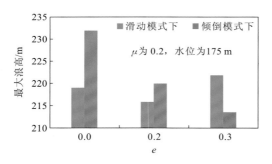
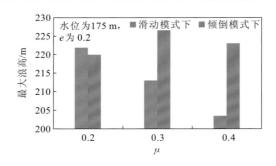

图 7.8　参数 e 变化造成的最大浪高变化情况　　图 7.9　参数 f 变化造成的最大浪高变化情况

由于箭穿洞崩塌并未发生，没有野外涌浪观测值，同时也没有大型物理试验，很难精确验证结果的有效性。本书通过列举三峡水库库区发生的滑坡涌浪实例，采用工程地质类比来校核结果的合理性。

在箭穿洞危岩体上游 9 km 处的龚家方滑坡发生于 2008 年 11 月 23 日，龚家方位置可参见图 7.7。当时，三峡水库水位为 172.8 m，该段河面深度、宽度与箭穿洞段较接近。龚家方滑坡以碎裂岩体滑动方式入水，滑动的最大速度约为 12 m/s（图 7.10），入水体积约为 38×10^4 m³，造成河道最大涌浪高度约为 31.8 m，对岸最大涌浪爬高为 13.1 m，在距崩塌体上游 4.5 km 的巫山码头产生 1.1 m 爬高浪，在望霞附近的涌浪爬高约为 2.1 m。这次涌浪的大于 1 m 的河道影响范围约为 12 km（图 7.10）。

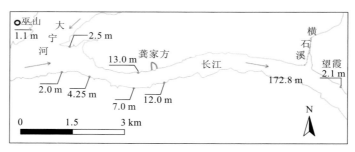

图 7.10　龚家方滑坡涌浪爬高调查值（Huang et al.，2012）

在长江三峡滑坡涌浪影响河道最长的是位于西陵峡的新滩滑坡涌浪（Liu，1987）。新滩滑坡发生于 1985 年 6 月 12 日，是一堆积层滑坡。当时该段长江水位为 68 m，水深约为 30 m。新滩滑坡总体积约为 3000×10^4 m³，前缘入江土石 260×10^4 m³。滑坡最大滑动速度为 31 m/s，在对岸激起的涌浪高达 54 m（图 7.11），波及上下游江面约 42 km。

显然，箭穿洞危岩体与龚家方滑坡有不同之处，也有相似的地方。两者均为三叠系大冶组灰岩岸坡，但龚家方是松散碎裂岩体滑动入水，与箭穿洞厚层岩体整体后倾滑动或倾倒入水有明显不同。失稳模式的差异会造成初始涌浪特征有较大的差异，如最大涌浪高度、最大爬高、水质点运动方式等。初始涌浪的差异也会使传播浪的表现有所不同。两者也有一些有意思的相似之处。龚家方的原始重心高程与停止重心高程分别为 250 m 和 125 m。箭穿洞的原始重心高程与停止重心高程分别为 232 m 和 97 m。两者的体积接

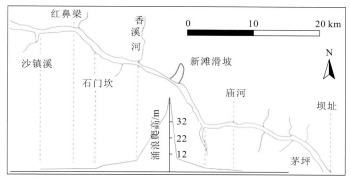

图 7.11　新滩滑坡涌浪爬高调查值（汪定扬 等，1986）

近（$38×10^4$ m^3 和 $36×10^4$ m^3），总的初始势能非常相近。初始势能的接近将造成水体吸收能量相近，这使箭穿洞与龚家方涌浪数值较相近。计算所得最大涌浪为 47.1 m，最大爬高为 27.2 m，浪高超过 1 m 的影响范围有 15 km，这些结果与龚家方造成的涌浪结果相近。

　　龚家方滑坡没有远距离的传播衰减率可对比，但可利用新滩滑坡涌浪爬高调查值进行远距离衰减率的估算。爬高调查显示，新滩滑坡的衰减可分为急剧衰减区和平缓衰减区。在新滩滑坡涌浪向下游传播的最初 1 km，其平均衰减率为 0.03，是急剧衰减区。然后断崖式地出现平缓衰减区，接下来的 3 km 内平均衰减率约为 $2.1×10^{-3}$，即 100 m 下降 0.21 m。此后，涌浪衰减率一直降低，在 9～10 km 的平均衰减率约为 $6×10^{-4}$（Wang et al.，2008；汪定扬 等，1986）。波浪的衰减一般随着水深的增加而减少，因此在远距离传播中箭穿洞危岩体涌浪的衰减率会小于新滩滑坡的衰减率。对比图 7.7 中涌浪衰减情况和图 7.11 中新滩滑坡衰减情况，图 7.7 采用了比较合理的衰减率。

　　通过与两个滑坡涌浪实例的工程地质类比，可以认为箭穿洞涌浪计算结果基本有效，圈定的涌浪危害范围基本可靠。该涌浪评估结果可以用于防灾减灾的工程实际中。

7.3　基于流固耦合的河道涌浪消减机理

　　2015 年 6 月 24 日我国三峡库区大宁河河畔红岩子滑坡发生，它位于巫山县城对面。红岩子滑坡进行了失稳前的滑坡预警和涌浪口头警告，在滑坡体上并没有人员伤亡。但由于缺乏对滑坡涌浪的防控，滑坡涌浪造成了 16 艘停泊船只翻沉，其中包括一艘海事巡逻艇（Huang et al.，2016）。这一滑坡涌浪灾害事件引起国内外高度重视，也引发了河道滑坡涌浪能否开展消减和临时防护的思考。在紧急的滑坡涌浪事件中，河道内有时会存在一些极其需要保护的设施与物品，如码头、水上加油站和停泊的船只等，而目前在内陆河道对滑坡涌浪的防护或消减研究相对薄弱。

　　关于海岸波浪的消减有较多的研究，如 Wu 等（2016）研究了水草对涌浪的消减作用，Yang 等（2012）研究了在长江口的一个盐沼边缘对波浪的消减作用，Hillman（1998）

研究了湿地在破坝洪水中的波浪消减作用。在主动消减波浪方面，水下平板（submerged plates on pile supports，SHP）、水下渗透结构、水下倾斜薄板（pile-supported inclined thin plate，ITP）和一些漂浮结构物被广泛研究，也被当作海岸主动防护和波浪消减装置来应用（Michailides et al.，2013；Loukogeorgaki et al.，2012；Teh et al.，2012；Rao et al.，2009；Suh et al.，2006；Yu，2002；Parsons et al.，1999）。Liu 等（2011）给出了一个替代性的分析方法，可用于分析水波经过水下水平孔洞板的运动情况。Parsons 等（1994）发展了一种数值模型，分析了波浪与水下垂直板、水下平板和水下倾斜薄板的相互作用。Rao 等（2009）、Midya 等（2001）、Murakami 等（1995）对水下倾斜薄板进行了波浪消减数值分析和流体-结构体耦合分析。Yagci 等（2014）采用 2D 物理试验分析了 ITP 的波浪能量消散机制、表现和流体动力影响。Yu（2002）回顾研究了水下平板和漂浮板（floating horizontal plate，FHP）对波浪消减的作用。Cho 等（2008）通过物理试验研究了 ITP 保护垂直海堤的机制。Liu 等（2015）提出了一种新的半沉浸 Jarlan 型开孔防波堤，这个新型防波堤有更好的吸波性能。虽然，这些波浪消减装置多是采用桩固定在海床上的，或者说是预先埋置的，其主要用于防止海浪、潮汐等对海岸的侵蚀，但是它们的应用原理和设计值得内陆河道内的滑坡涌浪消减借鉴。

本节采用数值试验的方式，开展了临时性河道滑坡涌浪消减装置的专门研究，主要的目的包括：① 对比分析 SHP、ITP、FHP 和十字板在滑坡涌浪消减中的表现；② 研究十字板消减涌浪的能量消散机制；③ 探讨水库滑坡涌浪应急处置中应用十字板装置的可行性。

7.3.1　研究方法

本次研究采用流固耦合的数值分析方法开展分析，该方法与以往利用的物理试验相比有几个优点：①可以完美再现波浪，方便对比分析；而物理试验很难再现一模一样的波浪。②数值试验能实现物理试验中较难实现的工况，如在物理试验中实现倾斜薄板的定角度固定安装就比较复杂，而在数值试验中非常容易实现。③在应用型的大型复杂物理试验之前，数值试验一般是必须先开展的，可以减少不必要的物理试验。④相对来讲，物理试验更花费时间和经费，采集的数据却并没有数值试验丰富。

利用FLOW-3D软件的N-S方程可以开展涌浪相关分析，如Biscarini（2010）、Montagna 等（2011）和Abadie等（2010）利用流固耦合模型开展了大量滑坡涌浪数值分析，这些结果与物理试验结果吻合性较好。Eugenio等（2016）采用FLOW-3D 和WCSPH软件的欧拉和拉格朗日方法调查了高度非静压流体对固体墙壁的冲击，解释了物理试验中的不同时间尺度现象。Hossein等（2015）通过211个数值溢洪道模型，在FLOW-3D中分析了泄洪系数和能量消散的关系。Kim（2007）采用物理试验、SPH法和FLOW-3D开展了射流分析，结果表明射流导致的力和力矩的非线性在耦合作用中起到关键作用。因此，FLOW-3D软件完全能够胜任本次滑坡涌浪消减数值试验。

数值试验的设计思路是首先对三种海岸常用的单片薄板及本书提出的十字板开展

涌浪消减效率对比试验；然后专门详细开展十字板涌浪消减试验，以查清十字板涌浪消减机制；最后利用流固耦合技术分析绳索固定下的十字板涌浪消减可行性试验。

四种简单薄板的涌浪消减对比试验示意图见图 7.12。分别对漂浮板（FHP）、水下平板（SHP）、水下倾斜薄板（ITP）和十字板（cross plate，CP）进行试验，薄板放置位置见图 7.12。水池、涌浪和薄板结构物的数值数据都仅是为了研究涌浪消减而假定的。水池长为 450 m，水深 31.25 m，薄板厚均为 2.5 m，淹没水平板下沉 2.5 m，倾斜板角度为 15° 且一半在水中，十字板的垂直板高为 25 m，水池和薄板横向（y 轴方向）均拉伸100 m。所有薄板被设定为固定不动。水池的边界条件 x_{min} 方向为波浪边界，波浪形式为危害较大且滑坡涌浪类型中较多出现的孤立波。该孤立波的波峰设定为 20 m，周期为20 s，波浪底界水深设定为 20 m，传播向设定为朝着 x_{max} 方向。x_{max} 方向边界条件为不透水 Wall 边界。z_{min} 方向边界为不透水 Wall 边界，z_{max} 为自由液面边界或零压力边界。y_{min} 和 y_{max} 方向均为对称边界（图 7.13），该组试验主要是研究在同一波浪作用下不同薄板的消减表现。

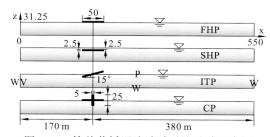

图 7.12　简单薄板涌浪消减对比试验示意图

W 为不透水 Wall 边界；WV 为波浪边界；P 为零压力边界或自由液面边界

米制十字板涌浪消减试验共 11 组，包括变化十字板垂直板高度的试验 5 组（输入波为 20 m 高的孤立波时）和变化涌浪波类型及波高的试验 6 组[十字板垂直板高度（H_V）为 25 m 时]，它们将采用不同波高的 Stokes 波和孤立波。

绳索固定下的十字板涌浪消减可行性试验是在十字板涌浪消减试验中选择 9 号试验，将其中的十字板与底板用绳索相连后十字板可以自由漂浮在水面，测试绳索固定下的十字板涌浪消减与十字板固定时的差异。图 7.13 展示了 FLOW-3D 中绳索固定下的十字板涌浪消减可行性试验计算模型。

图 7.13　FLOW-3D 中绳索固定下的十字板涌浪消减可行性试验计算模型

S 为对称边界；WV 为波浪边界；P 为零压力边界或自由液面边界；L_a 为初始时空气中垂直板高度；

L_m 为初始时水中垂直板高度；L_f 为迎波面水平板长度；L_r 为背波面水平板长度

总共进行 19 组数值试验，见表 7.2，计算模型中单元网格尺寸为 $1\,m\times1\,m\times1\,m$，网格数量为 1 760 000 个。数值计算时间为 30 s，一个完整的孤立波能够从 $x_{\min}$ 边界传递至 $x_{\max}$ 边界。湍流模型为 RNG 模型。

表 7.2　涌浪消减试验表

试验序号	试验内容					
1	无薄板、水平薄板、淹没水平薄板、倾斜薄板和十字板对比试验					
2～7	L_a/L_m	0.32	0.47	0.67	1.5	2.1	3.2
8～13	L_f/L_r	0.25	0.431	0.677	1.5	2.33	4
14～19	孤立波波幅/m			Stokes 波波幅/m		
	5	15	25	2	9	13

7.3.2　几种简易装置消浪效率的比较

观察薄板消浪效率，可对比观察不同薄板试验中同一点的波高变化过程。从不同薄板 $x=300\,m$ 点的波高过程线图（图 7.14）来看，FHP、SHP 和 ITP 仅稍微降低了波峰，且波谷稍微有所升高。而 CP 试验则大幅消减了波峰高度，同时有效提高了谷底高程。其他位置的点显示了同样的规律。这意味着 CP 有着更好的波浪消减效果。

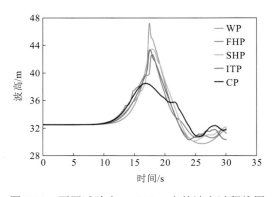

图 7.14　不同试验中 $x=300\,m$ 点的波高过程线图

不同薄板的涌浪消减表现也可以由传递系数 C_t 来定量表征（Yagci et al.，2014），C_t 定义为

$$C_t = \frac{H_t}{H_0} \tag{7.17}$$

式中：H_0、H_t 分别为无结构物时的原始最大波高和经过不同结构物后的最大波高。

显然，C_t 值越大，结构物消减波浪的效率越低。

1 号试验是 WP（without plate，没有消落薄板）、FHP、SHP、ITP 和 CP 结构物涌浪消减表现试验。WP 试验中没有结构物进行消减波浪时，显然 C_t 值为 1。图 7.15 展示

了沿水池 x 方向不同位置点的 C_t 值变化情况。经过薄板结构物后，FHP、SHP、ITP 和 CP 试验中平均 C_t 值分别约为 0.76、0.79、0.82 和 0.47。显然，简单比较 C_t 值就可以发现，涌浪消减效率由高到低分别为 CP、FHP、SHP 和 ITP。显然 CP 的涌浪消减效率要比其他结构物的消减效率高出一大截。

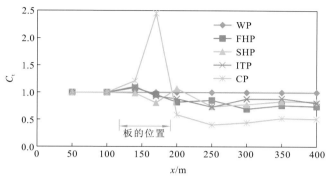

图 7.15　沿 x 方向水池中轴线不同位置的 C_t 值变化图

从图 7.14 中明显可见，在靠近薄板处，结构物对波浪的影响就开始起作用。在薄板位置附近水-结构物作用最激烈，且不同薄板的作用方式明显不同。例如，FHP 和 ITP 作用较为类似，而 CP 和 SHP 的作用则表现完全不同，特别是 CP。而且经过不同薄板后，在近 200 m 的距离上 C_t 值变化不大，并没有下降趋势。这意味着经过结构物消减后的波浪总体还是表现了输入波（孤立波）的特性，即在推进过程中，波幅衰减缓慢。

FHP、SHP、ITP 和 CP 都是简单的薄板结构物，都可以将其改造后用于内陆河道涌浪临时消减中。但是，显然 FHP、SHP 和 ITP 的消减效率偏低，CP 的消减效果要好。因此，CP 有着更好的涌浪消减利用价值和前景。

7.3.3　十字板能量消散机制分析

只有了解了十字板涌浪消减的机制，才能更好地利用十字板开展涌浪消减。2～6 号试验研究了十字板形状稍微改变情况下，消减效率的变化情况。7～12 号试验研究了不同涌浪波类型和波高输入情况下，十字板的涌浪消减表现。通过上述这些试验可以增强对十字板涌浪消减能力的理解。

1. 能量消散和转化模式

CP 涌浪消减试验过程中输入波的波幅经过 CP 后出现了明显下降，这说明波能量被消散和转化是显而易见的。通过观察波浪与 CP 的作用过程和水质点的运动等现象，能量消散和转化过程可以归纳为五种主要模式。这些模式利用简单的素描进行了概化，便于定性和定量分析描述，也方便建立计算数值与物理现象间的联系。五种模式的素描可见图 7.16（Yagci et al.，2014）。CP 涌浪消减效果应是这五种模式或其中几种模式叠加的结果。

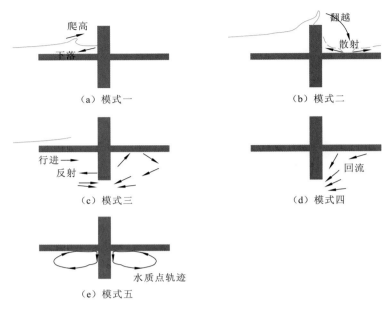

图 7.16　十字板造成波能耗散/转化模式示意图

（1）模式一：波浪破碎造成的能量耗散和转化。当波浪较小不能翻越 CP 时，波浪仍然会破碎。因为水平板的存在，产生了波浪爬高；由于垂直薄板的阻挡，波浪回流。在 CP 上的爬高、下流和波破都会造成摩擦增加、紊乱与湍流，从而导致能量消散。而回流则转变了波能传播方向，同时与将来的波相互作用。在波浪破碎、上升和下降过程中，一定数量的现有能量被耗散（Yagci et al.，2014）。这种模式在 CP 板造成能量耗散和转化中占主导地位。它的消散和转化能力应与 CP 的结构有关。

（2）模式二：波浪越顶及散射造成的能量耗散和转化。当波高高过 CP 时，波的能量就会被连续两个阶段耗散并转化。首先，传入的波在通过 CP 时发生波破（全部或部分）。在这种情况下，波能转化为流体能量在 CP 上传输，一些动能转化为势能，它们的运动方向改变。作为第二阶段，波浪翻越 CP 将造成能量耗散，翻越的流体向下运动，冲击 CP 的结构表面。撞击结构物后，波浪进一步破碎且发生散射。这样，势波能量转化为动能，动能在跌落后分散到各个方向。在这种模式下，一些能量被冲击、扰动，或形成湍流耗散。越顶的流体及散射流体控制着这一模式的耗散和转化效率，耗散和转化效率应该与波浪参数及 CP 几何结构特征有关，特别是与上垂直板的高度有关。

（3）模式三：反射造成的能量耗散和转化。波浪在行进过程中遇到 CP 结构物阻碍后会发生反射和绕流。CP 改变了波浪原来的行进方向，造成了水流紊乱和湍流。特别是当这些不同方向的水流碰撞或形成漩涡后，一些能量被消散或转化了。这一消散或转化方式主要与水下的垂直薄板的存在有关，其效率应与薄板的几何结构及波浪参数有关。

（4）模式四：回流造成的能量耗散和转化。在回流过程最后阶段，一部分或全部水流会反向流动，流入水体后与正向流动的水体相互作用。而由于 CP 结构物的存在，一部分流体也会在平板之下发生回流。不同运动方向的流体相互作用加大了湍流程度，造成了波能的消减。这一部分能量消减的大小与回流有关。

（5）模式五：水质点运动路径扰动造成的能量耗散和转化。这一过程与水质点的运动有关，与上述四种模式不一样，它们与水流和波破有关。一般涌浪波的水质点运动为椭圆形运动，但在 CP 结构物附近，水质点轨道不能跟随它们的自然周期（Yagci et al.，2014），这个过程中波浪在 CP 表面上施加向上或向下的压力，也会耗散和转化波能。

2. CP 结构与波能量消散机制

从上述五种模式可见，十字板的水平板和垂直板起到了不同的消能作用，且水上垂直板与水下垂直板消能方式也不同。如何通过改变 CP 板结构来提高 CP 的消能效率，这需要深入了解 CP 结构的能量消散机制。

2～7 号试验中其他输入条件不变，仅仅调整垂直板的设置，以查清垂直板如何安装才能提供更好的消能能力。在这些试验中垂直板的总长没有变化，但水上和水下的垂直板发生了变化，其 L_a/L_m 分别为 0.32、0.47、0.67、1.5、2.1 和 3.2（表 7.2）。图 7.17 显示了 2～7 号试验中波的传递系数 C_t 图。从图 7.17 中可见，当水上垂直板较小时，在十字板 x_{max} 方向稍远处涌浪高度也较大，涌浪高度甚至是原始波高的 2.0～2.5 倍。这一较大波高是因为水上垂直板较短，水波翻越 CP 射出并下落后形成的。当水上垂直板较大时，仅在十字板附近的涌浪高度较大，这些爬高甚至超过 2.5 倍的原始波高。在 C_t 图上，由于爬高形成了单峰或多峰形态，由于爬坡，波浪形成了单峰或多峰形态。但经过 CP 后的远端水池中，波浪的高度基本都下降至原始波高的 50%左右。图 7.18 显示了经过 CP 结构后（$x>300\,\mathrm{m}$），各试验水池中各点涌浪的大小。图 7.18 中明显可见 2～4 号试验中各点的涌浪值逐步变小，而 5～7 号试验中各点的涌浪大小基本变化不大。2～7 号试验是水上垂直板高度逐渐变高的试验序列，因此可以认为当 L_a 小于一个临界值（H_x）后，C_t 开始变大。L_a 越小，C_t 越大，CP 消减涌浪能力越差。CP 消减能力与 L_a 的变化有关。在此，H_x 应理解为一个与入射波参数有关的高度值。L_a 与 H_x 关系的显现，则说明 CP 涌浪消减能力与上垂直板高度有较大关系。

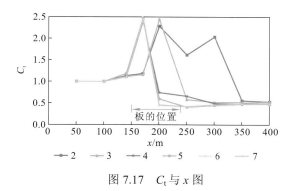

图 7.17　C_t 与 x 图　　　　图 7.18　垂直板变化试验中经过 CP 后的涌浪波高对比图

8～13 号试验中其他输入条件不变，仅仅调整水平板的设置，以查清水平板应如何安装才能提供更好的消能能力。在这些试验中水平板的总长没有变化，与 2～7 号试验类似，前后水平板的比值发生了变化，其 L_f / L_r 分别为 0.25、0.431、0.677、1.5、2.33 和 4（表 7.2）。即从 8 号向 13 号试验变化过程中，前水平板逐渐变长，后水平板逐渐变短。图 7.19 展示了不同水平板设置下涌浪传递系数的变化情况。较短的前水平板形成的涌浪最大值分布在 CP 板上；而较长的前水平板造成涌浪翻越后的落点及爬高较远，涌浪最大值分布在 CP 板的后面。在 $x>300\,\mathrm{m}$ 后的水池中，涌浪高度均在 50% 的原始涌浪高度附近。

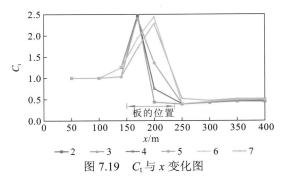

图 7.19　C_t 与 x 变化图

图 7.20 专门显示了 $x>300\,\mathrm{m}$ 的水池涌浪情况。随着前水平板的变长，经过 CP 后的涌浪高度随之变大。前水平板越短，效率越高。但短到一定程度后，如从 11 号试验开始，能量消减效率差异并不明显。

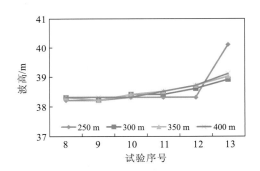

图 7.20　水平板变化试验中经过 CP 后的涌浪波高对比图

同时，从 CP 结构变化数值试验的涌浪过程现象可见，水平板将入射波分为了上下两层，上层基本为高于静止水面的波峰部分，下层为水下流动层。上垂直板能量消散和转化方式主要为模式一和模式二，即波浪爬高、翻越和冲击分散，以能量耗散为主（图 7.21 中 8 号和 13 号试验）。而下垂直板的能量消散和转化方式主要为模式三和模式五，即反射、绕流和水质点运动路径改变（图 7.21 中 2 号试验），以能量的转化为主。前水平板能量消散和转化方式主要为模式一，即波浪爬高（图 7.21 中 8 号试验），后水平板能量消散和转化方式主要为模式二和模式四，即冲击分散和回流（图 7.21 中 13 号试验）。

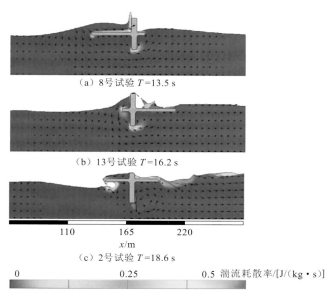

（a）8号试验 $T=13.5$ s

（b）13号试验 $T=16.2$ s

110　　　　165　　　　220
x/m

（c）2号试验 $T=18.6$ s

0　　　　　　　　0.25　　　　　　　0.5 湍流耗散率/[J/(kg·s)]

图 7.21　2 号、7 号、8 号、13 号试验中瞬时液面图

矢量为水质点的运动速度，云图为湍流耗散率

3. 不同入射波与 CP 的能量消散能力

Panizzo 等（2005a）、Zweifel 等（2006）通过大量块体入水产生涌浪的相似试验发现，崩滑体参数和水体参数满足不同函数关系时，会形成不同形式的涌浪波，如 Stokes 波、椭圆余弦波、孤立波和潮波等波浪类型。不同的涌浪波，水质点的运动路径不同，水体能量传播方式也不同。孤立波和 Stokes 波都是较为常见的涌浪波类型。本次研究将不同波高的孤立波和 Stokes 波作为入射波，研究 CP 的应对能力和效率。

图 7.22 展示了 14～19 号试验中的 C_t 值曲线。不同波浪类型和不同波高经过 CP 后的涌浪消减效果不一，C_t 值为 0.4～0.8。消减效果与涌浪类型没有相关性，与波浪高度有一定的关系。仅一定波幅（H_a）大小的入射波经过 CP 时，C_t 值在 0.45～0.55，CP 的能量消减和转化能力最强。其他波幅情况下，C_t 值均大于 0.55，甚至在 0.85 左右。CP 涌浪消减能力与上垂直板高度有较大关系。这一结论在 2～7 号和 14～19 号试验中，均有体现。例如，当上垂直板为 12.5 m，入射波为 12～15 m 的波高时，C_t 值在 0.5 左右。因此，H_a 与 L_a、H_x 应是相互关联的几个参数，这些参数的函数关系可以通过若干次物理或数值试验来确定。根据 2～14 号试验的 H_a/L_a 和远端 C_t 平均值（$x>300$ m），回归分析了 H_a/L_a 与 C_t 值的关系曲线（图 7.23）。H_a/L_a 与远端 C_t 值基本满足函数关系式（7.18），该式预测值与数值试验值的相关系数为 0.775。

$$C_t = 0.234(H_a/L_a)^2 - 0.582(H_a/L_a) + 0.820 \qquad (7.18)$$

简单来说，当 H_a/L_a 值在 1～1.5 时，CP 的涌浪消减效果最佳。

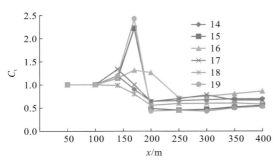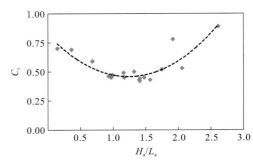

图 7.22　14～19 号试验中的 C_t 值曲线　　　　图 7.23　C_t 值与 H_a/L_a 的关系曲线图

　　仔细对比波浪较小时涌浪经过 CP 的过程，可以发现涌浪经过 CP 缺少翻越过程（图 7.24 中 14 号试验），即缺少模式二来进行能量消减和转化。这一缺少可能造成了 CP 结构物消减和转化能力偏弱。当涌浪高度过大时，上垂直板的阻挡作用小，涌浪不需耗能爬高就可以直接越顶而过（图 7.24 中 16 号试验），因而造成能量消减和转化不够。越顶在波浪消减方面具有较强作用。

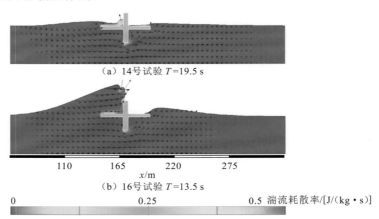

（a）14 号试验 $T=19.5$ s

（b）16 号试验 $T=13.5$ s

0　　　　　　　　　　0.25　　　　　　　0.5 湍流耗散率/[J/(kg·s)]

图 7.24　L_a 过大和过小时试验瞬时液面图

　　与涌浪类型无关这一点可能与 CP 结构有关。孤立波以波浪的前进推移为主，而 Stokes 波中水质点轨迹接近圆，但不封闭，有一定的"净位移"。横薄板和垂直板的组合可以有效阻挡来自水平、垂直等方向的运动，显然这一点比单纯的水平板或垂直板的阻挡效果好。

7.3.4　水库滑坡涌浪应急处置中应用的可行性讨论

　　在数值试验中十字板可以形成较好的波浪消减效果，但实际应用可能不像数值试验那样理想和完美。因此，在水库滑坡涌浪应急处置中 CP 板应用的可行性需要进一步的讨论分析。

　　探讨滑坡涌浪应急消减处置，首先得了解滑坡涌浪。滑坡造成的涌浪一般可以分为产生、传播和爬高三个阶段。一般来说，灾难性滑坡涌浪的产生区涌浪具有强烈的非线性，其冲击力巨大，很难进行涌浪消减。而河道内的涌浪传播区和离开产生区的涌浪爬高冲击能力较弱，可以开展涌浪消减。根据国家海洋局发布的《风暴、海浪、海啸和海冰灾害应急预案》，3 m 以上的涌浪区为红色预警区，3 m 以下的涌浪区分别为橙色、黄色和蓝色预警区。大量的滑坡涌浪研究表明（Huang et al.，2016；Yin et al.，2015c）3 m 以上的涌浪区一般在涌浪产生区附近。因此，水库滑坡涌浪应急消减的区域应是小于 3 m 涌浪区，特别是 2～3 m 的橙色预警区和 1～2 m 的黄色预警区，消减的最高目标是将其预警级别降低至蓝色。

　　由于滑坡涌浪事件是偶发、突发事件，不大可能采用海边桩固定式的薄板方式进行消减装置的安装。可以利用绳索，一端系着大型预制的水泥块或石块，一端系着 CP。将水泥块或石块沉入水中，让 CP 正确漂浮。绳索需要有足够的刚度和合适的长度，水泥块也需要有足够的重量，以防止涌浪波推走 CP 板或拉断绳索，使 CP 起不到阻挡、消减波浪的作用。

　　在实际的水库滑坡涌浪应急处置中，通常会估算滑坡涌浪的大小、危害范围及河道内可能的最大波高（Huang et al.，2016），可以根据这个涌浪估算值的范围来确定设置应急消减装置的位置。由于估算值可能不精确，十字板的设置可能达不到良好的消减效率。同时，CP 板不是固定不动的，这些都可能造成十字板的消减效率较低。在实际处置中可以采用多排阵列的方式进行阻挡和消减涌浪波，这样可以获得更好的涌浪消减效果。后续将进一步在这一方向上开展不同类型的滑坡涌浪研究，为减轻滑坡涌浪灾害提供技术支撑。

参 考 文 献

陈学德, 1984. 水库滑坡涌浪的经验算法及程序设计[R]. 武汉: 水利电力部中南勘测设计研究院科研所.

陈自生, 张晓刚, 1994. 1994-04-30 四川省武隆县鸡冠岭滑坡→崩塌→碎屑流→堵江灾害链[J]. 山地学报, 12(4): 225-229.

程谦恭, 2012. 高速远程滑坡-碎屑流"裹气流态化"减阻机理研究[J]. 学术动态, 21(1): 1-8.

重庆市地质灾害防治设计院, 2012. 三峡库区重庆市巫山县菜籽坝库岸详细工程地质勘查报告[R]. 重庆: 重庆市地质灾害防治设计院.

代云霞, 殷坤龙, 汪洋, 2008. 滑坡速度计算及涌浪预测方法探讨[J]. 岩土力学, 29(s1): 411-415.

邓宏艳, 王成华, 2011. 溪洛渡库区库岸老滑坡工程地质特征及成因机制分析[J]. 中国水土保持, (5): 59-62.

地质矿产部灾害调查组, 1994. 乌江鸡冠岭山体崩塌地质灾害调查简报[J]. 中国地质灾害与防治学报, (2): 95-96.

杜伯辉, 2006. 柘溪水库塘岩光滑坡: 我国首例水库蓄水初期诱发的大型滑坡[C]//《第二届全国岩土与工程学术大会论文集》编辑委员会. 第二届全国岩土与工程学术大会论文集(上册). 北京: 科学出版社.

杜小弢, 吴卫, 龚凯, 等, 2006. 二维滑坡涌浪的 SPH 方法数值模拟[J]. 水动力学研究与进展, A21(5): 579-586.

樊柱军, 王振, 2013. 溪洛渡库区干海子滑坡变形特征分析[J]. 中国地质灾害与防治学报, 24(2): 38-43.

郭建红, 2004. 带自由表面非恒定流动的数值模拟研究[D]. 太原: 太原理工大学.

韩文梅, 2012. 岩石摩擦滑动特性及其影响因素分析[D]. 太原: 太原理工大学.

胡厚田, 2002. 大型高速岩质滑坡全程流体动力学机制的研究[J]. 学术动态, (1): 21-23.

胡涛骏, 叶银灿, 2006. 滑坡海啸的预测模型及其应用[J]. 海洋学研究, 24(3): 21-31.

黄波林, 2014. 水库滑坡涌浪灾害水波动力学分析方法研究[D]. 武汉: 中国地质大学(武汉).

黄波林, 殷跃平, 2012a. 基于波浪理论的水库地质灾害涌浪数值分析方法[J]. 水文地质工程地质, 39(4): 92-97.

黄波林, 陈小婷, 殷跃平, 2012b. 滑坡崩塌涌浪计算方法研究[J]. 工程地质学报, 20(6): 910-915.

黄波林, 殷跃平, 王世昌, 等, 2013. GIS 技术支持下的滑坡涌浪灾害分析研究[J]. 岩石力学与工程学报, (s2): 3844-3851.

黄波林, 刘广宁, 王世昌, 等, 2015. 三峡库区高陡岸坡成灾机理研究[M]. 北京: 科学出版社.

黄润秋, 裴向军, 李天斌, 2008. 汶川地震触发大光包巨型滑坡基本特征及形成机理分析[J]. 工程地质学报, 16(6): 730-741.

黄涛, 罗喜元, 2004. 地表水入渗环境下边坡稳定性的模型试验研究[J]. 岩石力学与工程学报, 23(16): 2671-2675.

姜治兵, 金峰, 盛君, 2005. 滑坡涌浪的数值模拟[J]. 长江科学院院报, 22(5): 1-3.

金德濂, 王耕夫, 1983. 边坡工程地质[M]. 北京: 水利电力出版社.

金峰, 姜治兵, 2003. 滑坡涌浪的数值模拟[C]//周连第, 邵维文, 鲁传敬, 等. 第十七届全国水动力学研讨会暨第六届全国水动力学学术会议论文集. 北京: 海洋出版社.

况仁杰, 1987. 长江西陵峡新滩北岸大滑坡[J]. 灾害学, (3): 42-44.

李树武, 刘惠军, 2006. 某水电站库区滑坡滑速涌浪预测[J]. 地质灾害与环境保护, 17(1): 74-77.

李未, 王如云, 张长宽, 2004. 滑坡涌浪的产生与计算[J]. 水科学进展, 15(1): 45-49.

廖小平, 徐峻龄, 郑静, 1993. 高速远程滑坡的动力分析和运动模拟[J]. 中国地质灾害与防治学报, (2): 28-32.

刘传正, 2013. 意大利瓦依昂水库滑坡五十年[J]. 水文地质工程地质, 40(5): 3.

刘新荣, 张梁, 余瑜, 等, 2013. 降雨条件下酉阳大涵边坡滑动机制研究[J]. 岩土力学, (10): 2898-2904.

刘涌江, 胡厚田, 白志勇, 2003. 大型高速滑坡体运动的空气动力学试验研究[J]. 岩石力学与工程学报, (5): 784-789.

孟永东, 田斌, 郭其达, 2004. 三峡水库石榴树包滑坡灾害预警分析[J]. 水利水电技术, 35(12): 23-27.

孟永东, 徐卫亚, 田斌, 等, 2011. 深切峡谷河道滑坡灾害影响的水动力学分析[J]. 岩土力学, 32(3): 927-935.

缪吉伦, 陈景秋, 张永祥, 2012. 基于 SPH 方法的立面二维涌浪数值模拟[J]. 中南大学学报(自然科学版), 43(8): 3244-3250.

潘家铮, 1980. 建筑物的抗滑稳定和滑坡分析[M]. 北京: 水利出版社.

任坤杰, 金峰, 徐勤勤, 2006. 滑坡涌浪垂面二维数值模拟[J]. 长江科学院院报, 23(2): 1-4.

任坤杰, 韩继斌, 2011. 散体滑坡体首浪高度模型试验研究[J]. 人民长江, 24: 69-72.

任坤杰, 韩继斌, 陆虹, 2012. 滑坡涌浪首浪高度试验研究[J]. 人民长江, 2: 43-45.

史蒂瓦内拉 G, 1991. 滑坡引起波浪的估算[J]. 刘忠清, 译. 人民长江, 22(3): 55-59.

舒泽宣, 2012. 重庆市武隆县乌江鸡冠岭岩崩成因分析及防治对策[J]. 中华民居旬刊, (3): 308-309.

田正国, 卢书强, 2012. 三峡库区泥儿湾滑坡成因机制分析及稳定性评价[J]. 资源环境与工程, 26(3): 236-239.

汪定扬, 刘世凯, 1986. 长江新滩滑坡(1985 年 6 月)涌浪调查研究[J]. 人民长江, (10): 26-29.

汪洋, 2005. 水库库岸滑坡速度及其涌浪灾害研究[D]. 武汉: 中国地质大学(武汉).

汪洋, 殷坤龙, 2003. 水库库岸滑坡的运动过程分析及初始涌浪计算[J]. 地球科学(中国地质大学学报), 28(5): 579-582.

汪洋, 殷坤龙, 2004. 水库库岸滑坡初始涌浪叠加的摄动方法[J]. 岩石力学与工程学报, 23(5): 717-720.

王国章, 李滨, 冯振, 等, 2014. 重庆武隆鸡冠岭岩质崩滑-碎屑流过程模拟[J]. 水文地质工程地质, 41(5): 101-106.

王士天, 刘汉超, 张倬元, 等, 1997. 大型水域水岩相互作用及其环境效应研究[J]. 地质灾害与环境保护, (1): 69-89.

王世昌, 陈小婷, 黄波林, 等, 2013. 三峡库区青石滑坡的变形特征及形成机理研究[J]. 人民长江, (s2): 66-70.

王思敬, 马凤山, 杜永廉, 1996. 水库地区的水岩作用及其地质环境影响[J]. 工程地质学报, 4(3): 1-9.

王涛, 石菊松, 吴树仁, 等, 2010. 汶川地震触发文家沟高速远程滑坡-碎屑流成因机理分析[J]. 工程地质学报, 18(5): 631-644.

王晓鸿, 刘汉超, 张倬元, 1996. 滑坡涌浪的二维有限元分析[J]. 地质灾害与环境保护, 7(4): 19-22.

王义军, 王延平, 2011. 造波理论在滑坡涌浪计算中的应用[J]. 中国新技术新产品, (3): 12-13.

王玉峰, 程谦恭, 张柯宏, 等, 2014. 高速远程滑坡裹气流态化模型试验研究[J]. 岩土力学, 35(10): 2775-2786.

王育林, 陈凤云, 齐华林, 等, 1994. 危岩体崩滑对航道影响及滑坡涌浪特性研究[J]. 中国地质灾害与防治学报, 5(3): 95-100.

邢爱国, 殷跃平, 齐超, 等, 2012. 高速远程滑坡气垫效应的风洞模拟试验研究[J]. 上海交通大学学报, 46(10): 1642-1646.

徐波, 蒋昌波, 邓斌, 等, 2011. 三维滑坡涌浪的产生及其传播过程的数值研究[J]. 交通科学与工程, 27(2): 39-46.

徐文杰, 2012. 滑坡涌浪影响因素研究[J]. 工程地质学报, 20(4): 491-507.

许强, 董秀军, 邓茂林, 等, 2010. 2010 年 7·27 四川汉源二蛮山滑坡-碎屑流特征与成因机理研究[J]. 工程地质学报, 18(5): 609-622.

薛艳, 朱元清, 刘双庆, 等, 2010. 地震海啸的激发与传播[J]. 中国地震, 26(3): 283-295.

杨超, 1994. 水库滑坡涌浪估算[J]. 青海水力发电, (2): 60-65.

杨海清, 蓝一凡, 曾酉源, 等, 2015. 滑体失稳后运动过程三维弹簧变形块分析模型[J]. 岩石力学与工程学报, 34(3): 528-536.

杨学堂, 刘斯凤, 杨耀, 1998. 黄腊石滑坡群石榴树包滑坡涌浪数值计算[J]. 武汉水利电力大学(宜昌)学报, 20(3): 51-55.

殷坤龙, 杜娟, 汪洋, 2008. 清江水布娅库区大堰塘滑坡涌浪分析[J]. 岩土力学, 29(12): 3267-3270.

殷坤龙, 刘艺梁, 汪洋, 等, 2012. 三峡水库库岸滑坡涌浪物理模型试验[J]. 地球科学(中国地质大学学报), 37(5): 1067-1074.

张丙先, 张登旺, 2007. 王家湾滑坡滑速涌浪计算[J]. 四川水利, (6): 45-47.

张丽芬, 曾夏生, 魏贵春, 2008. 湖北省巴东县木竹坪滑坡失稳成因分析[J]. 地质灾害与环境保护, 19(4): 73-76.

张明, 殷跃平, 吴树仁, 等, 2010. 高速远程滑坡-碎屑流运动机理研究发展现状与展望[J]. 工程地质学报, 18(6): 805-817.

张年学, 1993. 长江三峡工程库区顺层岸坡研究[M]. 北京: 地震出版社.

章广成, 向欣, 唐辉明, 2011. 落石碰撞恢复系数的现场试验与数值计算[J]. 岩石力学与工程学报, 30(6): 1266-1273.

中国水电集团成都勘察设计院, 2009. 金沙江溪洛渡水电站库岸稳定性综合研究报告[R]. 成都: 中国水电集团成都勘察设计院.

周剑华, 2003. 水库滑坡涌浪灾害的数值研究[J]. 长江科学院院报, 20(2): 7-9.

周小军, 崔鹏, 葛永刚, 等, 2010. 崩滑体动力学机理分析及全过程速度计算: 以四川省汉源县"8·6"大型崩塌滑坡为例[J]. 四川大学学报(工程科学版), 42(s1): 125-131.

邹国庆, 张绍成, 2011. 溪洛渡水电站干海子滑坡稳定性分析[J]. 四川地质学报, 31(3): 347-352.

邹宗兴, 唐辉明, 熊承仁, 等, 2014. 高速岩质滑坡启动弹冲加速机制及弹冲速度计算: 以武隆县鸡尾山滑坡为例[J]. 岩土力学, 35(7): 2004-2012.

ABADIE S, MORICHON D, GRILLI S, et al., 2010. Numerical simulation of waves generated by landslides using a multiple-fluid Navier–Stokes model[J]. Coastal engineering, 57(9): 779-794.

APPLIED FLUIDS ENGINEERING INC., CENTER FOR APPLIED COASTAL RESEARCH, 2008. GEO-WAVE 1. 1 tutorial[M]. Newark: University of Delaware.

ATAIE-ASHTIANI B, MALEK-MOHAMMADI S, 2007. Near field amplitude of sub-aerial landslide generated waves in dam reservoirs[J]. Dam engineering, 17(4): 197-222.

ATAIE-ASHTIANI B, MALEK-MOHAMMADI S, 2008a. Mapping impulsive waves due to sub-aerial landslides into a dam reservoir: a case study of Shafa-Roud Dam[J]. Water and energy abstracts, 18(4): 243.

ATAIE-ASHTIANI B, NAJAFI-JILA A, 2008c. Laboratory investigations on impulsive waves caused by underwater landslide[J]. Coastal engineering, 55(12): 989-1004.

ATAIE-ASHTIANI B, NIK-KHAH A, 2008b. Impulsive waves caused by subaerial landslides[J]. Environmental fluid mechanics, 8(3): 263-280.

ATAIE-ASHTIANI B, YAVARI-RAMSHE S, 2011. Numerical simulation of wave generated by landslide incidents in dam reservoirs[J]. Landslides, 8(4): 417-432.

BAGNOLD R A, 1954. Experiments on a gravity-free dispersion of large solid spheres in a Newtonian fluid under shear[J]. Mathematical and physical sciences, 225(1160): 49-63.

BALL J W, 1970. Hydraulic model studies-wave action generated by slides into Mica Reservoir [R]. Vancouver: Western Canada Hydraulic Laboratories.

BASU D, GREEN S, DAS K, et al., 2010. Numerical simulation of surface waves generated by a subaerial landslide at Lituya Bay, Alaska[J/OL]. Journal of offshore mechanics and arctic engineering, 132(4):1-14. https: //doi. org/10.1115//.4001442.

BISCARINI C, 2010. Computational fluid dynamics modelling of landslide generated water waves[J]. Landslides, 7(2): 117-124.

BJERRUM L, JRSTAD F A, 1968. Stability of rock slopes in Norway[J]. Norwegian geotechnical institute, 79: 1-11.

BOSA S, PETTI M, 2011. Shallow water numerical model of the wave generated by the Vajont landslide[J]. Environmental modelling and software, 26(4): 406-418.

BRENNEN C E, 2005. Fundamentals of multiphase flow [M]. Cambridge: Cambridge University Press.

BRUNE S, BABEYKO A Y, GAEDICKE C, et al., 2010. Hazard assessment of underwater landslide-generated tsunamis: a case study in the Padang region, Indonesia. [J]. Natural hazards, 53(2): 205-218.

CARRATELLI E P, VICCIONE G, BOVOLIN V, 2016. Free surface flow impact on a vertical wall: a numerical assessment[J]. Theoretical and computational fluid dynamics, 30(5): 1-12.

CHO I H, KIM M H, 2008. Wave absorbing system using inclined perforated plates[J]. Journal of fluid mechanics, 608: 1-20.

CHOI B H, DONG C K, PELINOVSKY E, et al., 2007. Three-dimensional simulation of tsunami run-up around conical island[J]. Coastal engineering, 54(8): 618-629.

COLIN W, ROGER N, MARK D, 2015. Tsunami forcing by a low Froude number landslide[J]. Environmental fluid mechanics, 15(6): 1215-1239.

COOKE R J S, 1981. Eruptive history of the volcano at Ritter Island[J]. Geological Survey of Papua new guinea memorial, 10: 115-123.

COULTER S E, 2005. Seismic initiation of submarine slope failures using physical modeling in a geotechnical centrifuge[D]. Newfoundland: Memorial University of Newfoundland.

CRAIG W, 2006. Surface water waves and tsunamis[J]. Journal of dynamics and differential equations, 18(3): 525-549.

CREMONESI M, FRANGI A, PEREGO U, 2011. A Lagrangian finite element approach for the simulation of water-waves induced by landslides[J]. Computers and structures, 89(11): 1086-1093.

CROSTA G B, CALVETTI F, IMPOSIMATO S, et al., 2001. Granular flows and numerical modelling of landslides [R]. Milan: University of Bicoca.

CROSTA G B, IMPOSIMATO S, RODDEMAN D, 2013. Monitoring and modelling of rock slides and rock avalanches[J]. Italian journal of engineering geology and environment, 6: 3-14.

DAVIDSON D D, WHALIN R W, 1974. Potential landslide-generated water waves, Libby Dam and Lake Koocanusa, Montana[R]. Vicksburg: Waterways Experiment Station of U. S. Army Corps of Engineers.

DAVIDSON D D, MCCARTNEY B L, 1975. Water waves generated by landslides in reservoirs[J]. Journal of the hydraulics division, 101(12): 1489-1501.

DAVIES D R, WILSON C R, KRAMER S C, 2011. Fluidity: a fully unstructured anisotropic adaptive mesh computational modeling framework for geodynamics[J]. Geochemistry geophysics geosystems, 12(6): 1-20.

RISIO M D, GIROLAMO P DE, BELLOTTI G, et al., 2009a. Landslide-generated tsunamis runup at the coast of a conical island: new physical model experiments[J/OL]. Journal of geophysical research, 114: 1-16.https: //doi.org/10.1029/2008JC004858.

DUNCAN J M, WRIGHT S G, WONG K S, 1990. Slope stability during rapid drawdown[C]//Proceedings of the H. Bolton seed memorial symposium. Richmond, BC: Bitech Publishers Ltd: 253-272.

EUGENIO P C, GIACOMO V, VITTORIO B, 2016. Free surface flow impact on a vertical wall: a numerical assessment[J]. Theoretical and computational fluid dynamics, 30(5): 403-412.

ERISMANN T H, 1979. Mechanisms of large landslides[J]. Rock mechanics, 12(1): 15-46.

ENET F, GRILLI S T, WATTS P, 2003. Laboratory experiments for tsunamis generated by underwater landslides: comparison with numerical modeling[C]//The thirteenth international offshore and polar engineering conference. Honolulu: Znternational Society of Offshore and Polar Engineers: 372-379.

ENET F, GRILLI S T, 2007. Experimental study of tsunami generation by three dimensional rigid underwater landslides [J]. Journal of waterway, port, coastal, and ocean engineering, 133(6): 442-454.

FALAPPI S, GALLATI M, 2007. SPH simulation of water waves generated by granular landslides[J]. Proceedings of the congress-international association for hydraulic research, 32(1): 106.

FAN Z J, WANG Z, 2013. Analysis on the deformation behaviour of Ganhaizi landslide after impoundment of Xiluodu Reservoir[J]. Chinese journal of geological hazard and control, 24(2): 38-43.

Flow Science, 2012. FLOW-3D V10. 1 user's manual[Z]. Los Alamos: Flow Science Inc.

FRITZ H M, HAGER W H, WILLI H, et al., 2001. Lituya bay case: rockslide impact and wave run-up[J]. Science of tsunami hazards, 19(1): 3-22.

FRITZ H M, HAGER W H, MINOR H E, 2003. Landslide generated impulse waves[J]. Experiments in fluids, 35(6): 505-519.

FRITZ H M, HAGER W H, MINOR H E, 2004. Near field characteristics of landslide generated impulse waves[J]. Journal of waterway, port, coastal, and ocean engineering, 130(6): 287–302.

GABL R, SEIBL J, GEMS B, et al., 2015. 3 D-numerical approach to simulate an avalanche impact into a reservoir[J]. Natural hazards and earth system sciences discussions, 3: 4121-4157.

GALLOP S L, YOUNG I R, RANASINGHE R, et al., 2014. The large-scale influence of the great barrier reef matrix on wave attenuation[J]. Coral reefs, 33(4): 1167-1178.

GEIST E L, LYNETT P J, CHAYTOR J D, 2009. Hydrodynamic modeling of tsunamis from the Currituck landslide[J]. Marine geology, 264(1/2): 41-52.

GLADE T, 2003. Landslide occurrence as a response to land use change: a review of evidence from New Zealand[J]. Catena, 51(3/4): 297-314.

GRILLI S T, WATTS P, 1999. Modelling of waves generated by a moving submerged body: applications to underwater landslides[J]. Engineering analysis with boundary elements, 23(8): 645-656.

GRILLI S T, WATTS P, 2001. Modelling of tsunami generation by an underwater landslide in a 3D numerical wave tank[C]// Proceeding of the 11th Offshore and Polar Engineering Conference. Stavanger: [s.n.]: 132-139.

GRILLI S T, VOGELMANN S, WATTS P, 2002. Development of a 3D numerical wave tank for modeling tsunami generation by underwater landslides[J]. Engineering analysis with boundary elements, 26(4): 301-313.

GRILLI S T, TAPPIN D R, WATTS P, et al., 2005. Tsunami generation by submarine mass failure. ii: predictive equations and case studies[J]. Journal of waterway port coastal and ocean engineering, 131(6): 298-310.

GLIMSDAL S, L'HEUREUX J S, HARBITZ C B, et al., 2013. Modelling of the 1888 landslide tsunami, Trondheim, Norway[M]. Berlin: Springer : 73-79.

GRIMSHAW R H J, 2007. Solitary waves in fluids [M]. Southampton: WIT Press.

GRIMSTAD E, NESDAL S, 1991. The Loen rockslides : a historical review[J]. Norwegian geotechnical institute, 182: 1-6.

GUALTIERI C, CHANSON H, 2012. Experimental study of a positive surge. Part 1: basic flow patterns and wave attenuation[J]. Environmental fluid mechanics, 12(2): 145-159.

HAGER W H, FRITZ H M, MINOR H E, 2004. Near field characteristics of landslide generated impulse waves[J]. Journal of waterway port coastal and ocean engineering, 130(6): 287-302.

HANES D M, INMAN D L, 1985. Observations of rapidly flowing granular-fluid materials[J]. Journal of fluid mechanics, 150: 357-380.

HARBITZ C B, GLIMSDAL S, LØVHOLT F, et al., 2014. Rockslide tsunamis in complex fjords: from an unstable rock slope at Åkerneset to tsunami risk in western Norway[J]. Coastal engineering, 88: 101-122.

HELLER V, 2007. Landslide generated impulse waves: prediction of near field characteristics[D]. Zurich: ETH Zurich.

HELLER V, HAGER W H, MINOR H E, 2009. Landslide generated impulse waves in reservoirs: basics and computation[R]. Zurich: ETH Zurich.

HERTZ H R, 1882. Uber die Beruhrung fester elastischer Korper and Uber die Harte[C]//Verhandlung des Vereins zurBeforderung des Gewerbe Fleisses. Leipzig: [s.n.]: 449.

HILLMAN G R, 1998. Flood wave attenuation by a wetland following a beaver dam failure on a second order boreal stream[J]. Wetlands, 18(1): 21-34.

HOSSEIN S, EHSAN J N, REZA B, et al., 2015. Discharge coefficient and energy dissipation over stepped spillway under skimming flow regime[J]. KSCE journal of civil engineering, 19(4): 1174-1182.

HUANG B L, YIN Y P, LIU G N, et al., 2012. Analysis of waves generated by Gongjiafang landslide in Wu Gorge, Three Gorges Reservoir, on November 23, 2008[J]. Landslides, 9(3): 395-405.

HUANG B, WANG S, YIN Y, et al., 2013. Fluid-solid coupling kinetic analysis on impulsive wave generated by rockfall[J]. Journal of Jilin University, 43(6): 1936-1942.

HUANG B L, YIN Y P, WANG S, et al., 2014. A physical similarity model of an impulsive wave generated by Gongjiafang landslide in Three Gorges Reservoir, China[J]. Landslides, 11(3): 513-525.

HUANG B, YIN Y, DU C, 2016. Risk management study on impulse waves generated by Hongyanzi landslide in Three Gorges Reservoir of China on June 24, 2015[J]. Landslides, 13(3): 603-616.

HUBER A, HAGER W H, 1997. Forecasting impulse waves in reservoirs[C]//Transactions of the international congress on large dams.[S.l.]: [s.n.]: 993-1006.

HUGHES S A, 1993. Physical models and laboratory techniques in coastal engineering[M]. Singapore: World Scientific.

HUNGR O, 1995. A model for the runout analysis of rapid flow slides, debris flows and avalanches[J]. Canadian geotechnical journal, 32: 610-623.

HSÜK J, 1975. Catastrophic debris streams (sturzstroms) generated by rockfalls[J]. Geological society of America bulletin, 86(1): 129-140.

IVERSON R M, REID M E, LAHUSEN R G, 1997. Debris-flow mobilization from landslides[J]. Annual review of earth and planetary sciences, 25(1): 85-138.

JOHNSON K L, 1985. Contact mechanics[M]. Cambridge: Cambridge University Press.

JOHNSON R W, 1987. Large scale volcanic cone collapse: the 1888 slope failure of Ritter volcano, and other examples from Papua New Guinea[J]. Bulletin of volcanology, 49(5): 669-679.

KAMPHUIS J W, BOWERING R J, 1970. Impulse waves generated by landslides[C]//Proceedings of the 12th international conference on coastal engineering[S.l.]: [s.n.]: 575-588.

KENT P E, 1966. The transport mechanism in catastrophic rock falls[J]. Journal of geology, 74(1): 79-83.

KIM Y, 2007. Experimental and numerical analyses of sloshing flows[J]. Journal of engineering mathematics, 58(1/2/3/4): 191-210.

KÖRNER H J, 1980. Model conceptions for the rock slide and avalanche movement[C]//Proc. International Symposium, Interprevent 1980. [S.l.]: [s.n.]: 15-55.

KRANZER H C, Keller J B, 1959. Water waves produced by explosions[J]. Journal of applied physics, 30(3): 398-407.

LANGFORD P S, ROGER I N, WALTERS R A, 2006. Experimental modeling of tsunami generated by underwater landslides[J]. Science of tsunami hazards, 24: 267-287.

LAMB H, 1945. Hydrodynamics [M]. New York: Cambridge University Press.

LE MÉHAUTÉ B, 1976. An introduction to hydrodynamics and water waves [M]. New York: Springer.

LI S H, TANG D H, WANG J, 2015. A two-scale contact model for collisions between blocks in CDEM[J]. Science China technological sciences, 58(9): 1596-1603.

LIU Y, LI Y, 2011. An alternative analytical solution for water-wave motion over a submerged horizontal porous plate[J]. Journal of engineering mathematics, 69(4): 385-400.

LIU Y, YAO Z, LI H, 2015. Analytical and experimental studies on hydrodynamic performance of semi-immersed Jarlan-type perforated breakwaters[J]. China ocean engineering, 29(6): 793-806.

LIU S K, 1987. Impulsive wave decaying factors study generated by Xintan landslide in Xiling Gorge of Yangtze River[J]. Water resources and hydropower engineering(9): 11-14.

LOUKOGEORGAKI E, ANGELIDES D C, 2005. Stiffness of mooring lines and performance of floating breakwater in three dimensions[J]. Applied ocean research, 27(4/5): 187-208.

LOUKOGEORGAKI E, MICHAILIDES C, ANGELIDES D C, 2012. Hydroelastic analysis of a flexible mat-shaped floating breakwater under oblique wave action[J]. Journal of fluids and structures, 31: 103-124.

MADER C L, GITTINGS M L, 2002. Modeling the 1958 Lituya Bay mega-tsunami, II[J]. Science of tsunami hazards, 20(5): 241-250.

MAJD M S, SANDERS B F, 2014. The LHLLC scheme for two-layer and two-phase transcritical flows over a mobile bed with avalanching, wetting and drying[J]. Advances in water resources, 67(4): 16-31.

MANGENEY A, HEINRICH P, 2000. Analytical solution for testing debris avalanche numerical models[J]. Pure and applied geophysics, 157(6/7/8): 1081-1096.

MICHAILIDES C, LOUKOGEORGAKI E, ANGELIDES D C, 2013. Response analysis and optimum configuration of a modular floating structure with flexible connectors[J]. Applied ocean research, 43: 112-130.

MIDYA C, KANORIA M, MANDAL B N, 2001. Scattering of water waves by inclined thin plate submerged in finite-depth water[J]. Archive of applied mechanics, 71(12): 827-840.

MIH W C, 1999. High concentration granular shear flow[J]. Journal of hydraulic research, 37(2): 229-248.

MILLER D J, 1960. Giant waves in Lituya Bay, Alaska[J]. Journal of geophysical research, 64(6): 692.

MILLER R L, 1970. Prediction curves for waves near the source of an impulse[J]. Coastal engineering proceedings, 1(12): 609-624.

MOHAMMED F, FRITZ H M, 2010. Experiments on tsunamis generated by 3D granular landslides[M]. Dordrecht: Springer: 705-718.

MOHAMMED F, FRITZ H M, 2012. Physical modeling of tsunamis generated by three-dimensional deformable granular landslides[J/OL]. Journal of geophysical research: oceans, 117: 1-20. https://doi.org/10.1029/2011JC00785.

MOHRIG D, ELVERHØI A, PARKER G, 1999. Experiments on the relative mobility of muddy subaqueous and subaerial debris flows, and their capacity to remobilize antecedent deposits[J]. Marine geology, 154(1/2/3/4): 117-129.

MONTAGNA F, BELLOTTI G, RISIO M D, 2011. 3D numerical modeling of landslide-generated tsunamis around a conical island[J]. Natural hazards, 58(1): 591-608.

MORRIS J P, RUBIN M B, BLOCK G I, et al., 2006. Simulations of fracture and fragmentation of geologic materials using combined FEM/DEM analysis[J]. International journal of impact engineering, 33(1/2/3/4/5/6/7/8/9/10/11/12): 463-473.

MÜLLER L, 1964. The rock slide in the Vajont valley[J]. Rock mechanics and engineering geology. , 2(3/4): 148-212.

MÜLLER D, SCHURTER M, 1993. Impulse waves generated by an artificially induced rockfall in a Swiss lake[C]//Proceedings of the congress-international association for hydraulic research. [S.l.]: [s.n.]: 209-209.

MUNJIZA A, 2004. The combined finite-discrete element method[M]. New Jersey: John Wiley & Sons.

MURAKAMI H, ITPH S, HOSCI Y, et al., 1995. Wave induced flow around submerged sloping plates[J]. Coastal engineering proceedings, 1(24): 1454-1468.

NODA E, 1970. Water waves generated by landslides [J]. Journal of the waterways, harbors and coastal engineering division, 96(4): 835-855.

NORWEGIAN GEOTECHNICAL INSTITUTE, 2005. Offshore geohazards[R]//Summary report for research institution-based strategic project 2002-2005, NGI report No. 20021023-2[S.l.]: [s.n.].

PANIZZO A, DE GIROLAMO P, PETACCIA A, 2005a. Forecasting impulse waves generated by subaerial landslides[J]. Journal of geophysical research, 110(12): 1-23.

PANIZZO A, DE GIROLAMO P, DI RISIO M, et al., 2005b. Great landslide events in Italian artificial reservoirs[J]. Natural hazards and earth system science, 5(5): 733-740.

PARARAS-CARAYANNIS G, 1999a. Analysis of mechanism of tsunami generation in Lituya Bay[J]. Science of tsunami hazards, 17(3): 193-206.

PARARAS-CARAYANNIS G, 1999b. The Mega-Tsunami of July 9, 1958 in Lituya Bay, Alaska[C]//Tsunami Symposium of Tsunami Society, Hawaii, USA.[S.l.]: [s.n.]: 1-12.

PARSONS N F, MARTIN P A, 1994. Scattering of water waves by submerged curved plates and by surface-piercing flat plates[J]. Applied ocean research, 16(3): 129-139.

PARSONS N F, MCIVER P, 1999. Scattering of water waves by an inclined surface-piercing plate[J]. Quarterly journal of mechanics and applied mathematics, 52(4): 513-524.

PASTOR M, HERREROS I, MERODO J A F, et al., 2009. Modelling of fast catastrophic landslides and impulse waves induced by them in fjords, lakes and reservoirs[J]. Engineering geology, 109(1): 124-134.

PENG L, XU S, HOU J, et al., 2015. Quantitative risk analysis for landslides: the case of the Three Gorges area, China[J]. Landslides, 12: 943-960.

PRINS J E, 1958. Characteristics of waves generated by a local surface disturbance[J]. Eos transactions American geophysical union, 39(5): 865.

PRIOR D B, 1984. Subaqueous landslides[C]//Proceedings of the IV international symposium on landslides, Toronto.[S.l.]: [s.n.]: 179-196.

PUDASAINI S P, 2011. Some exact solutions for debris and avalanche flows[J]. Physics of fluids, 23(4): 109.

QIU L C, 2008. Two-dimensional SPH simulations of landslide-generated water waves[J]. Journal of hydraulic engineering, 134(5): 668-671.

QUECEDO M, PASTOR M, HERREROS M I, 2004. Numerical modelling of impulse wave generated by fast landslides[J]. International journal for numerical methods in engineering, 59(12): 1633-1656.

RAHIMAN T I H, PETINGA J R, WATTS P, 2007. The source mechanism and numerical modelling of the 1953 Suva tsunami, Fiji[J]. Marine geology, 237(1/2): 55-70.

RAO S, SHIRLAL K G, VARGHESE R V, et al., 2009. Physical model studies on wave transmission of a submerged inclined plate breakwater[J]. Ocean engineering, 36(15/16): 1199-1207.

REN K J, JIN F, XU Q Q, 2006. Vertical two-dimensional numerical simulation for landslide-generated waves[J]. Journal of Yangtze River scientific research institute, 23(2): 1-4.

RISIO M D, SAMMARCO P, 2008. Analytical modeling of landslide-generated waves[J]. Journal of waterway port coastal and ocean engineering, 134(1): 53-60.

RISIO M D, BELLOTTI G, PANIZZO A, et al., 2009b. Three-dimensional experiments on landslide generated waves at a sloping coast[J]. Coastal engineering, 56(5): 659-671.

RUSSELL J S, 1837. Report of the committee on waves[C]// The 7th Meeting of the British Association for the Advancement of Science , Liverpool, John Murray, London.[S.l.]: [s.n.]: 417-496.

SANDER D, 1990. Weakly nonlinear unidirectional shallow water waves generated by a moving boundary[D]. Zurich: ETH Zurich.

SASSA K, DANG K, YANAGISAWA H, et al., 2016. A new landslide-induced tsunami simulation model and its application to the 1792 Unzen-Mayuyama landslide-and-tsunami disaster[J]. Landslides, 13(6): 1-15.

SAVAGE S B, 1978. Experiments on shear flows of cohesionless granular materials[C]//Proc. US-Japan Seminar on Continuum-Mechanical and Statistical Approaches in the Mechanics of Granular Material. [S.l.]: [s.n.]: 241-254.

SAVAGE S B, 1984. The mechanics of rapid granular flows[J]. Advances in applied mechanics, 24: 289-366.

SAVAGE S B, HUTTER K, 1989. The motion of a finite mass of granular material down a rough incline [J]. Journal of fluid mechanics, 199: 177-215.

SCHEFFERS A, KELLETAT D, 2003. Sedimentologic and geomorphologic tsunami imprints worldwide: a review[J]. Earth-science reviews, 63(1/2): 83-92.

SCHUSTER R L, COSTA J E, 1986. Perspective on landslide dams[C]//Landslide Dams: Processes, Risk, and Mitigation. Proceedings of a Session in Conjunction with the ASCE Convention.[S.l.]: [s.n.]: 1-20.

SERRANO-PACHECO A, MURRILLO J, GARCIA-NAVARRO P, 2009. A finite volume method for the simulation of the waves generated by landslides[J]. Journal of hydrology, 373(3/4): 273-289.

SHAKERI M M, SANDERSB F, 2014. The LHLLC scheme for two-layer and two-phase transcritical flows over a mobile bed with avalanching, wetting and drying[J]. Advances in water resources, 67: 16-31.

SHAHHEYDARI H, NODOSHAN E J, BARATI R, et al., 2015. Discharge coefficient and energy dissipation over stepped spillway under skimming flow regime[J]. KSCE journal of civil engineering, 19(4): 1174-1182.

SHREVE R L, 1968. Leaking and fluidization in air layer lubricated avalanches[J]. Geological society of American bulletin, 79(5): 653-657.

SILVIA B, MARCO P, 2011. Shallow water numerical model of the wave generated by the Vajont landslide, Environ[J]. Environmental modelling and software, 26(4): 406-418.

SLINGERLAND R L, VOIGHT B, 1979. Occurrences, properties and predictive models of landslide-generated impulse waves [J]. Rockslides and avalanches, 2: 317-397.

STORR G J, BEHNIA M, 1999. Experiments with large diameter gravity driven impacting liquid jets[J]. Experiments in fluids, 27(1): 60-69.

STRONGE W J, 1990. Rigid body collisions with friction[J]. Procceding of the Royal Society of London. Series A: Mathematical and Physical Sciences, 431(1881): 169-181.

SUE L P, NOKES R I, WALTERS R A, 2006. Experimental modeling of tsunami generated by underwater landslides[J]. Science of tsunami hazards, 24(4): 267-287.

SUE L P, NOKES R I, DAVIDSON M J, 2011. Tsunami generation by submarine landslides: comparison of physical and numerical models[J]. Environmental fluid mechanics, 11(2): 133-165.

SUH K D, SHIN S, COX D T, 2006. Hydrodynamic characteristics of pile-supported vertical wall breakwaters[J]. Journal of waterway, port, coastal, and ocean engineering, 132(2): 83-96.

SYNOLAKIS C E, 1987. The runup of solitary waves [J]. Journal of fluid mechanics, 185: 523-545.

SYNOLAKIS C E, 1991. Generation of long waves in laboratory [J]. Journal of waterway, port, coastal, and ocean engineering, 116(2): 252-266.

TAPPIN D R, WATTS P, GRILLI S T, 2008. The Papua New Guinea tsunami of 17 July 1998: anatomy of a catastrophic event[J]. Natural hazards and earth system science, 8(2): 243-266.

TEH H M, VENUGOPAL V, BRUCE T, 2012. Hydrodynamic characteristics of a free-surface semicircular breakwater exposed to irregular waves[J]. Journal of waterway port coastal and ocean engineering, 138(2): 149-163.

TERZAGHI K, 1950. Mechanism of landslides[M]//PAIGES. Application of geology to engineering practice: [S.l.]: [s.n.]: 83-123.

TIBALDI A, 2001. Multiple sector collapses at Stromboli Volcano, Italy: how they work[J]. Bulletin of volcanology, 63(2/3): 112-125.

TINTI S, BORTOLUCCI E, ARMIGLIATO A, 1999. Numerical simulation of the landslide-induced tsunami of 1988 on Vulcano Island, Italy[J]. Bulletin of volcanology, 61(1/2): 121-137.

TINTI S, ELISABETTA B, 2000. Energy of water waves induced by submarine landslides[J]. Pure and applied geophysics, 157: 281-318.

TINTI S, ARMIGLIATO A, 2003. The use of scenarios to evaluate the tsunami impact in southern Italy[J]. Marine geology, 199(3/4): 221-243.

TINTI S, ZANIBONI F, PAGNONI G, et al., 2008. Stromboli Island (Italy): scenarios of tsunamis generated by submarine landslides[J]. Pure and applied geophysics, 165(11/12): 2143-2167.

TOCHER D, MILLER D J, 1959. Field observations on effects of Alaska earthquake of 10 July, 1958[J]. Science, 129(3346): 394-395.

URSELL F, 1953. The long-wave paradox in the theory of gravity waves[C]//Mathematical proceedings of the cambridge philosophical society. Cambridge: Cambridge University Press.

URSELL F, DEAN R G, YU Y S, 2006. Forced small-amplitude water waves: a comparison of theory and experiment[J]. Journal of fluid mechanics, 7(1): 33-52.

UTILI S, CROSTA G B, 2011. Modeling the evolution of natural cliffs subject to weathering: 2. Discrete element approach[J]. Journal of geophysical research earth surface, 116(F1): 1-17.

UTILI S, ZHAO T, HOULSBY G T, 2015. 3D DEM investigation of granular column collapse: evaluation of debris motion and its destructive power[J]. Engineering geology, 186: 3-16.

VANNESTE M, FORSBERG C F, GLIMSDAL S, et al., 2013. Submarine landslides and their consequences: what do we know, what can we do?[M] Berlin: Springer : 5-17.

VARNES D J, 1958. Landslide types and processes[J]. Landslides and engineering practice, 29(3): 20-45.

VENDEVILLE B C, GAULLIER V, 2003. Role of pore-fluid pressure and slope angle in triggering submarine mass movements: natural examples and pilot experimental models[M]. Dordrecht: Springer: 137-144.

VOIGHT B, JANDA R J, GLICKEN H, et al., 1983. Nature and mechanics of the Mount St. Helens rockslide-avalanche of 18 May 1980[J]. Geotechnique, 33(3): 243-273.

WALDER J S, WATTS P, SORENSEN O E, et al., 2003. Tsunamis generated by subaerial mass flows[J]. Journal of geophysical research solid earth, 108(B5): 2236-2255.

WANG D G, CAMPBELL C S, 1992. Reynolds analogy for a shearing granular material[J]. Journal of fluid mechanics, 244: 527-546.

WANG F W, ZHANG Y M, HUO Z T, et al., 2004. The July 14, 2003 Qianjiangping landslide, Three Gorges Reservoir, China[J]. Landslides, 1(2): 157-162.

WANG F, ZHANG Y, HUO Z, et al., 2008. Mechanism for the rapid motion of the Qianjiangping landslide during reactivation by the first impoundment of the Three Gorges Dam reservoir, China[J]. Landslides, 5(4): 379-386.

WANG S C, HUANG B L, LIU G N, et al., 2015. Numerical simulation of tsunami due to slope failure at Gongjiafang on Three Gorges Reservoir[J]. Rock and soil mechanics, 36(1): 212-218, 224.

WATTS P, 1997. Water waves generated by underwater landslides [D]. Pasadena: California Institute of Technology.

WATTS P, GRILLI S T, KIRBY J T, et al., 2003. Landslide tsunami case studies using a Boussinesq model and a fully nonlinear tsunami generation model[J]. Natural Hazards and earth system sciences, 3(5): 391-402.

WEI G, KIRBY J T, GRILLI S T, et al., 1995. A fully nonlinear Boussinesq model for free surface waves. Part 1: highly nonlinear unsteady waves[J]. Journal of fluid mechanic, 294: 71-92.

WIEGEL R L, 1964. Oceanographical engineering [M]. London: Prentice-Hall.

WIELAND M, GRAY J, HUTTER K, 1999. Channelized free-surface flow of cohesionless granular avalanches in a chute with shallow lateral curvature[J]. Journal of fluid mechanics, 392: 73-100.

WU W C, COX D T, 2015. Effects of wave steepness and relative water depth on wave attenuation by emergent vegetation[J]. Estuarine coastal and shelf science, 164: 443-450.

WU W C, MA G, COX D T, 2016. Modeling wave attenuation induced by the vertical density variations of vegetation[J]. Coastal engineering, 112: 17-27.

XING A, XU Q, ZHU Y, et al., 2016. The August 27, 2014, rock avalanche and related impulse water waves in Fuquan, Guizhou, China[J]. Landslides, 13(2): 411-422.

YAGCI O, KIRCA V S O, ACANAL L, 2014. Wave attenuation and flow kinematics of an inclined thin plate acting as an alternative coastal protection structure[J]. Applied ocean research, 48: 214-226.

YAKHOT V, ORSZAG S A, 1986. Renormalization group analysis of turbulence I. Basic theory[M]. New York: Plenum Press.

YAKHOT V, SMITH L M, 1992. The renormalization group, the ε-expansion and derivation of turbulence models[J]. Journal of scientific computing, 7(1): 35-61.

YANG S L, SHI B W, BOUMA T J, et al., 2012. Wave attenuation at a salt marsh margin: a case study of an exposed coast on the Yangtze estuary[J]. Estuaries and coasts, 35(1): 169-182.

YAVARI-RAMSHE S, ATAIE-ASHTIANI B, 2016. Numerical modeling of subaerial and submarine landslide-generated tsunami waves: recent advances and future challenges[J]. Landslides, 13(6): 1325-1368.

YIN Y P, XING A G, 2012. Aerodynamic modeling of the Yigong gigantic rock slide-debris avalanche, Tibet, China[J]. Bulletin of engineering geology and the environment, 71(1): 149-160.

YIN Y P, HUANG B, CHEN X, et al., 2015b. Numerical analysis on wave generated by the Qianjiangping landslide in Three Gorges Reservoir, China[J]. Landslides, 12(2): 355-364.

YIN Y, HUANG B, WANG S, et al., 2015c. Potential risk analysis on a Jianchuandong dangerous rockmass-generated impulse wave in the Three Gorges Reservoir, China[J]. Environmental earth sciences, 74(3): 2595-2607.

YIN Y, HUANG B, WANG S, et al., 2015a. Potential for a Ganhaizi landslide-generated surge in Xiluodu Reservoir, Jinsha River, China[J]. Environmental earth sciences, 73(7): 3187-3196.

YIN Y, HUANG B, WANG W, et al., 2016. Reservoir-induced landslides and risk control in Three Gorges Project on Yangtze River, China[J]. Journal of rock mechanics and geotechnical engineering, 8(5): 577-595.

YU X, 2002. Functional performance of a submerged and essentially horizontal plate for offshore wave control: a review[J]. Coastal engineering journal, 44(2): 127-147.

ZHANG D, WHITEN W J, 1996. The calculation of contact forces between particles using spring and damping models[J]. Powder technology, 88(1): 59-64.

ZHANG M, NIE L, XU Y, et al., 2014. A thrust load-caused landslide triggered by excavation of the slope toe: a case study of the Chaancun Landslide in Dalian City, China[J]. Advances in water resources, 67: 16-31.

ZHAO L, MAO J, BAI X, et al., 2016b. Finite element simulation of impulse wave generated by landslides using a three-phase model and the conservative level set method[J]. Landslides, 13(1): 85-96.

ZHAO T, UTILI S, CROSTA G B, 2016a. Rockslide and impulse wave modelling in the Vajont reservoir by DEM-CFD analyses[J]. Rock mechanics and rock engineering, 49(6): 2437-2456.

ZWEIFEL A, HAGER W H, MINOR H E, 2006. Plane impulse waves in reservoirs[J]. Journal of waterway, port, coastal, and ocean engineering, 132(5): 358-368.

ZWEIFEL A, ZUCCALA D, GATTI D, 2007. Comparison between computed and experimentally generated impulse waves[J]. Journal of hydraulic engineering, 133(2): 208-216.